自然与科技

Nature & SciTech

"通识联播"编辑部◎编

北京大学出版社
PEKING UNIVERSITY PRESS

图书在版编目（CIP）数据

自然与科技 /"通识联播"编辑部编 . — 北京 : 北京大学出版社，2021.10

（北大通识核心课）

ISBN 978-7-301-32536-0

Ⅰ . ①自 ⋯　　Ⅱ . ①通 ⋯　　Ⅲ . ①自然科学—高等学校—教材

Ⅳ . ① N43

中国版本图书馆 CIP 数据核字（2021）第 190278 号

书　　　　名	自然与科技
	ZIRAN YU KEJI
著作责任者	"通识联播"编辑部　编
责 任 编 辑	周志刚
标 准 书 号	ISBN 978-7-301-32536-0
出 版 发 行	北京大学出版社
地　　　　址	北京市海淀区成府路 205 号　　100871
网　　　　址	http://www.pup.cn　新浪微博：@ 北京大学出版社
微信公众号	通识书苑（微信号：sartspku）
电 子 信 箱	zyl@pup.pku.edu.cn
电　　　　话	邮购部 010-62752015　发行部 010-62750672
	编辑部 010-62753056
印 刷 者	三河市北燕印装有限公司
经 销 者	新华书店
	650 毫米 ×980 毫米　16 开本　18.5 印张　294 千字
	2021 年 12 月第 1 版　2021 年 12 月第 1 次印刷
定　　　　价	68.00 元

序言一

北京大学校长 郝平

近年来，高等教育界一直在探讨通识教育在人才培养方面的重要作用，不断探索、深化通识教育改革。通识教育，首义是"通"，要求教育通达不同学问之识，使学生在广泛了解人类文明深厚积淀的基础上，增强跨界融通的能力，更好地适应不断变化的时代环境，发挥推动时代进步的作用。

当前，以智能化、信息化为核心，融合人工智能、大数据、云计算等新技术的新一轮科技革命方兴未艾，给各行各业带来系统性、颠覆性影响。科技创新、产业变革的"跨界""跨国"程度显著提升，社会对知识的需求呈现出综合化趋势，迫切需要能够站在促进全人类发展与进步的高度去思考并具有解决问题能力的复合型人才。

同时，我国高等教育已经进入普及化阶段，国家和人民希望拥有更加优质的教育资源。高等教育改革作为一项社会改革，能否在遵循教育规律的前提下办好人民满意的教育，实现内涵式发展，成为社会的重要关注点。为此，党的十八大以来，党和国家对新时代人才培养提出了新要求，特别强调要努力培养德智体美劳全面发展的社会主义建设者和接班人。

在这样的时代背景下，当代大学生要成为担当民族复兴大任的时代新人，不仅要成为某一领域的"专才"，还应具备国际视野和探索精神。时代在进步，随着对人才素质要求的日益提高，传统的专业教育模式已经不能充分适应教育改革创新和经济社会发展的需要，而通识教育致力于培养"宽口径、厚基础"的人才，则有利于形成与专业教育各扬所长、相得益彰、共筑合力的育人模式，培养更多符合时代需要的优秀人才。

多年来，北大一直致力于创新通识教育理念与实践探索。早在 20 世纪 80 年代，北大就确立了"加强基础、淡化专业"的教学目标，并率先推出了公共通选课。进入 21 世纪，以元培教学改革为抓手，北大开始探索通识教育的管理体制，并从 2010 年起开设通识教育核心课程，构建起"人类文明及其传统""现代社会及其问题""人文与艺术""自然与科技"等四大通识教育核心课程体系，受到学生的广泛欢迎。2016 年，北大发布本科教育综合改革方案，提出坚持以"立德树人"为根本，坚持以学生成长为中心和"加强基础、促进交叉、尊重选择、卓越教学"的教育理念，探索建立"通识教育与专业教育相结合"的本科教育体系，努力为学生提供更好的学习和成长体验，引导学生树立正确的世界观、人生观、价值观。

随着教育改革的推进，今年已经是北大通识核心课推出的第十个年头。在对课程成果汇总凝练的基础上，六十余位亲自参与课程教学的学者详述了通识课程教学的探索历程，三十余位悉心求知的学生回忆了自己探究学问的学习心得，集结成"北大通识核心课"丛书，包括《中华文明及其传统》《西方文明及其传统》《现代社会及其问题》《人文与艺术》及《自然与科技》。

这套丛书有两个最鲜明的特点。

第一，将经典阅读和思考作为通识教育培养体系的重要环节。"工欲善其事，必先利其器。"从实践来看，若要通过通识教育培养更多全面发展的人才，就必须掌握并运用有效的教育方法。阅读经典著作能够帮助青年重温人类文明和智慧，许多国际知名高校都十分重视经典阅读，明确将其作为通识教育的重要内容以及培养大学生文化底蕴的重要途径。北大的通识核心课也是在凝聚"经典阅读、批判反思""大班授课、小班讨论"等基本共识的基础上展开的，强调对经典文本的阅读和对根本问题的研讨，通过对专业知识、经典著作的学习和思考来提升学生的人生境界和思想品质，培育学生的人文精神、历史观念与科学素养。

第二，不仅诠释了通识教育的时代意义和价值内涵，也总结、凝练了北大十年来通识核心课的教学成果，真实记述了新时期北大本科教育的改革历程和实践探索。不断培养心系人类命运、志在社会发展的栋梁之材，是大学的首要使命，也是大学推进通识教育的力量之源。北大将继续从探索和积累中汲取智慧，努力开辟出一条"中国特色、世界一流"的通识教育之路。

"同心而共济，终始如一。"中国的每一所大学都承担着为中华民族伟大复兴培养时代新人的神圣职责。我们衷心期盼通过这套丛书，与高等教育的同仁交流教育思想、探讨改革路径，在通识教育领域进一步实现"知行合一"，更好地履行大学的根本任务，为国家和民族培养出更多理想远大、信念坚定、视野宽广、能力突出、人格健全、身心健康的优秀人才。

2020 年 10 月 20 日

序言二

北京大学教务部部长 傅绥燕

通识教育是近些年来一个非常流行的词，但可能还没有一个所有人都认可的准确明晰的定义。通识教育也在以各种形式开展着，但无论哪种形式的教育，其实都有着共同的目标，那就是：给予学生创造生活的能力并获得生命丰满的机会。简单来讲，"学以成人"大约可以涵盖通识教育最为核心的部分。

作为中国最为优秀的大学之一，北京大学肩负国家人才培养重任。引领未来的人，不仅要有优秀的专业能力，更要有人文的情怀、历史的观念和全球的视野。在中国内地高校中，北京大学最早提出要将"通识与专业相融合"，并将通识教育的目标确定为"懂自己、懂社会、懂中国、懂世界"。作为一个自然人，社会人，有情感、有理性的人，今天的大学生，只有去了解、去认识、去理解，才能真正地"懂"。人是不断成长的，通识教育很难说能在哪一个特定的时间内完成，理解"自我、社会、中国与世界"大约应该是持续一生的过程。当然，大学是最好的提升阶段。

通识核心课是北京大学为实现通识教育的目标而建设的系列课程。希望学生在北大读书期间，通过对人类文明发展历程及现代社会问题的学习和认识，一定程度上了解自己、了解人和自然的关系、了解人和人的关系、了解现代社会的秩序以及这一切的来龙去脉。只有这样，才能跟自然和谐相处，才能跟其他人和谐相处，才能实现国和国之间的和谐相处。我们希望，通过几门课程的学习、几本书的阅读，教师可以将最基本的方法教给学生，教会他（她）如何读书、如何思考；给他（她）

开一扇窗，使之看到一片天地的存在。在这样的学习过程中，一些基本的能力自然而然地就能够培养起来，例如阅读、思考、交流、合作等。在未来的成长之路上，学生可以将这样一种经验、体悟扩展到或迁移到其他方面，进行自我塑造，并逐步走向成熟。

自 2010 年起，北京大学开始推动通识教育核心课程试点工作，在课程的选择、老师的选择、课程的讲法以及如何去契合通识目标上都非常谨慎。我们特别强调经典阅读以及对根本问题的思考和研讨，希望借此奠定北大本科生共同的理念、知识和问题意识。至 2020 年，北京大学共组织建设了 89 门"通识教育核心课程"。"北大通识核心课"丛书共分为 5 本，涵盖中华文明及其传统、西方文明及其传统、现代社会及其问题、人文与艺术、自然与科技等主题，将过去几年来北大老师在建设通识核心课中的宝贵经验和实践成果进行凝练和整理，希望借此深化中国大学对通识教育的理解，对营造大学育人文化起到积极的作用。

2020 年 10 月 21 日

目　录

三、通识教与学

四、含英咀华

编后记

一、探问通识教育

通识经典
作为学术共同体的大学

黄达人 [①]

一所大学固然要以其智力资源、科研优势服务地方经济、社会的发展，但一所大学的学术水平和学术影响才是其国际评价和声誉的衡量标尺，所以，我们强调"大学是一个学术共同体"，这是大学原本应有的品格。

大学以科学思想为基础，是追求真理、创造知识的地方，大学总是严肃地、批判地把握人类社会发展的一些永恒价值。而大学的功能则是通过学术性的教学（而不是职业教育或者技术教育）、创造性的科学研究，全面地塑造学生，传承和创新人类的知识与文化，并服务于当下社会。

人们常常习惯于用金字塔的结构来描述和理解我们所处的社会，实际上，在大学这样一个学术共同体里面，不仅所有个体的人格是平等的，而且每个人的职业价值也是平等的、没有层次差异的。所以，如果要给这个共同体一个形象的比喻的话，那么它应该是一个棱柱体，组成大学的三个群体——教师、职员以及学生，构成了这个棱柱体的三个面，所有大学中人的目标应该只有一个，就是促进这个学术共同体的事业发展。而要实现这个目标，则有赖于这个共同体中各个个体的忠诚服务。

一、学术共同体是大学的基本定位

无论是人才培养、科学研究还是服务社会，究其本质而言，大学与

---

① 本文是 2009 年 2 月 20 日在中山大学 2009 年工作研讨会上的讲话，作者为中山大学原校长，浙江大学原副校长。

学术密切相关。探究大学的本质，对于中山大学的长远发展无疑是有着重要的意义的。

现代意义上的"大学"（University）一词源于拉丁文 *universitas magistrorum et scholarium*，简单的解释就是教师与学者的共同体（community of teachers and scholars），这就是我们常说的"学术的共同体"的由来。

我们今天为什么还要再次强调大学是"学术共同体"呢？

首先，强调"学术共同体"的概念，有助于我们重新回归大学的本质。在今天的中国社会，人们越来越将大学等同于一般的行政单位和社会组织，逐渐淡忘了其原本应有的品格。大学作为"学术共同体"，是由它诞生时的历史因由和固有使命决定的。大学必须以学术为目的，以科学精神为核心凝聚力，并具有某种对绝对精神的追求，如果脱开随着社会的发展而赋予大学的各种任务，从理想的层面而言，大学在本质上应该为学术而学术，为科学而科学，对真理的向往不会因为外在环境的变化而改变。同时，大学必须有所作为，能够创造知识，培养优秀人才，传承精神和物质的知识力量；大学应该面向未来、服务社会乃至引领社会的发展。总之，大学以科学思想为基础，是追求真理、创造知识的地方，大学总是严肃地、批判地把握人类社会发展的一些永恒价值。而大学的功能则是通过学术性的教学（而不是职业教育或者技术教育）、创造性的科学研究，全面地塑造学生，传承和创新人类的知识与文化，并服务于当下社会。从这个意义上说，当前社会上某些挂牌为"大学"的机构，未必具备"学术共同体"的禀赋，因为它并未具备追求真理、创造和传承知识的大学精神，也没有形成自己独特的理念和品格。这样的大学，充其量只是一所普通的"职业养成所"，谈不上"学术共同体"。作为"学术共同体"的大学应该拥有自己的核心价值理念。

其次，如果说大学作为象牙塔，作为人类精神和知识存在的某种象征，具有比较抽象的意义的话，那么"学术共同体"这一概念就比较具体。作为一个学术共同体，它不仅要有大家共同认可的核心价值体系，而且其成员还应有共同的学术兴趣和追求。从一种理想的状态而言，作为一名学者，学术应该成为其生存方式，在此基础上，所有学者应共同遵循学术道德，受学术规范的制约，并相互联系、相互影响、相互尊重，从而在这个共同体中形成一种比较强的学术凝聚力。当然，这确实是一种比较理想的状态，以这一标准去要求目前大学中的学者，可能会太苛刻了些，但正如古人所云："身不能至，而心向往之"，我们的大学要发展、要有未来，就必须有一个理想，并且不断地朝这个方向去努力。

二、作为学术共同体的大学，应该有核心价值理念

十年前，合并前的中山大学为庆祝建校 75 年拍摄了一部专题片，虽然我十分清楚，包括校办工作人员在内的摄制组花费了大量心血，片子内容很翔实，也颇具观赏性，但我后来还是对校办的同事说，看了这部专题片，感觉中山大学只能算是一所"三流学校"，因为片子里面只强调了历史，很少描述现在，更看不到未来。

我讲这个例子，就是想说，我们的大学应该面向未来，而要面向未来，就必须有自己的发展理念，因为这是一个学术共同体得以维系的核心价值。这一点，在与国内外大学交往的过程中，我有比较深的体会。中国大陆的大学在自我介绍时，大都只是介绍现状，有多少个博士点、硕士点，院士、长江学者、杰青，各类重点实验室等，给人家的感觉就是一大堆数字，非行内的人很难明白其意义。而境外的大学则不同。我们最近走访了台湾的八所大学，在与校长的交流中，他们都着重介绍本校的育人理念。我上个月应邀前往菲律宾雅典耀大学参加该校的校长论坛，雅典耀大学创校 150 年，其办学的核心理念就是以培养有社会担当、为国服务的人才为己任，而随着时代的发展，大学也在不同的时期赋予其理念以新的内涵。这说明，自始至终，雅典耀大学都有自己的理念支撑。此外，她的几个学院也都有各自明确的使命和人才培养目标。尤其令我印象深刻的是，该校新创办的医学与公共卫生学院（Ateneo School of Medicine and Public Health），其模式是四年大学本科毕业，进入该学院学习五年后，同时获医学博士和公共卫生管理硕士学位，这个学院遵循大学的办学宗旨，提出要将学生培养成"五星级"医生，即医疗保健的提供者、卫生政策的制定者、与民众的沟通者、社区公共卫生的领导者与管理者。

雅典耀大学在菲律宾属于排名前三位的大学，但在国际上未必是名校，可是我认为，她具备了作为一个学术共同体应有的最基本的特质，是一所有理念的大学。更重要的是，这所大学的学院和多数教师都认同这个理念，并愿意为实现它而去努力。由此，我想到了我们这所学校，可以说，"善待学生"就是我们的核心理念之一。这一理念，我在去年的本科教学评估的校长报告中也做过描述。我认为，"善待学生"的理念如果体现在目标层面，就是要培养"具有领袖气质的文明的现代人"，他们知礼、诚信，勤奋、阳光，敢于超越，勇于担当，并具有职业准备。这样的大学培养目标，让我们着眼于学生的未来发展，对他们的一生负责，这是"善待学生"这一理念更为深层的内涵。总之，强调知行合一、学以致用，强调大学与国家、社会的紧密联系，强调关注民生，强调培养富有社会责任感和历史使命感的学生，是中山大学的优良传统，也是我们这个学术共同体的价值追求。

在此基础之上，我们的学院是否也应该提出各自的发展理念和人才培养目标？因为我觉得，我们的学院大都已经历了开创之初的扩张时期，经过一段时间的积累，目前应该有意识地去凝练本学院的发展方向。上个学期，我和科技处、医科处、发展规划办的同志一起，到学校理工科、医科等的十几个学院，与有关负责人就教学、科研、学科建设和社会服务等问题进行了交流，后来又与文科院长们就上述内容进行了讨论，其中的一个共识就是：学校要求院长制定四年的任期目标，学院的目标和每年的考核指标都由学院自己制定，学校不做硬性的规定。我只是希望通过这次梳理，各个学院能够总结和提炼出符合自身特点的发展方向和目标，而不要把任期目标变成短期行为。要面向未来，从学院的实际情况出发、从长远发展的需要出发，但是要从现在做起，并为之努力。学院凝练发展方向、制定目标的过程，应该也是一个团结学者、凝聚人心的过程，因为学术共同体的成员——学者之间的和谐与共识，才是大学得以发展的关键。

三、作为学术共同体的大学，其成员应该以学术为生存方式

一个真正的学者，学术就是他的生存方式，如果一所大学里没有这样的学者，那就不是一所好的大学，学术共同体这个概念就更无从谈起。一个学者，在受聘到大学工作以前，就应该先考虑在这个学术共同体中是否有合适的位置实现自身的发展；在进入大学后，既然已经选择了成为这个学术共同体中的一员，就必须努力做贡献。作为校长，曾经有老师向我反映这样那样的问题，现在想想，可能比较多的是以下几种情况。

有的老师会提出经费要求，说获得的支持不够。碰到这种情况，我就会引导来访者谈谈他学术工作的设想，因为能不能得到支持，应不应该给予支持，关键在于他的工作目标是什么、他想要解决什么科学问题。这些说清楚了，如果是具有价值的，学校就会支持，甚至比他提出的更多。上个学期，某学院要引进一位学者，希望学校给予科研启动经费的支持，我当即请来学校"985工程"领导小组的有关同志一起听取了他们的学术研究计划，最后决定在他们原有的经费申请上加倍支持，一次性建设学科研究的平台，因为他们要解决的是具有战略意义的重大问题。我想，中山大学发展到今天这个阶段，经费投入已经不是困扰我们工作的瓶颈了，我们更关注的是学者的学术工作能否为大学的学科建设、为科学的进步做出贡献。但如果说不出有价值的计划，而只是要钱，那就是无的放矢。

还有的人在谈话中会评价甚至批评自己身边的同事做得不好。遇到这种情况，我总是希望他能够先谈谈自己的工作，了解一下他本人对学科、对学校的发展做了什么工作。因为我觉得，在评价别人之前，应该先评价一下自己。这样，学校才会有一个更加和谐的氛围。

也还有个别老师抱怨自己的收入低。我首先希望他们了解，中大的平均工资水平连续多年在教育部直属高校中排在前三位。其次，教师的收入水平是与教学科研工作的质与量紧密相关的，为此学校有一系列的政策给予保证，例如我们大幅提升了教师绩效工资的比重，而其中的构成重点又主要来自教学。此外，我还可以肯定地说，教师的收入水平一定在学校的平均线之上，他们的薪酬一定高于同级别的行政人员。作为一名中山大学的教师，抱怨收入低，可能恰恰反映了他对教学科研的贡献还不够，而一味抱怨或许也反映了他们失去了改变自己的能力。我认为，这样的人如果不奋起直追、迎头赶上去，是很难在这个学术共同体中生存的。以学术作为生存方式的学者，他对大学这个学术共同体就会有很强的认同感和契合度，具体表现就是，这些学者有着强烈的学术使命感，而其学术工作、学术成就也符合学科发展和学校发展的方向，二者相得益彰。

共同体（community）这个词本身就有互动、相互支持的含义，而一个学术共同体的维系，也是靠具有学术价值认同的人们内聚在一起，彼此尊重、相互支持。我曾经在一次会上听学校一位很出色的青年学者的学术报告，当谈到学术成绩时，他较多地强调了自己的贡献。会后我提醒他这样表达是否合适，他马上意识到并强调了导师对其研究所给予的肯定、指导以及经费支持和宽松条件。后来我见到了他的导师，这位导师充分肯定了学生的成绩，并且强调了学生的独立贡献。我听了深有感触，心想，也许正是这样一种和谐的师生关系，才是他们能够取得学术突破的重要原因。

我曾经讲过，在大学这个学术共同体里，每个人都是其他人的外部环境，和谐的整体正是由每一个"互为外部环境"的个体共同营造的。我们知道，在欧美国家的一些社区，家家户户都会把门前打扫得干干净净，特别是在重要节日，主人们总是将家里最漂亮的布置朝向窗外，希望别人能看到自己美好的一面，同时也为所在的社区增值。我想，同样的道理，在我们工作、相处的过程中，我们应该学会更多地看到别人的优点和长处，这样，彼此之间才能融洽，大家心情才会愉悦。因此，在这个共同体中，不仅师生之间，而且教授、学者之间也应该相互尊重、相互欣赏。同时，我们更加鼓励学术上的挑战与争鸣，并且十分期待青年学者脱颖而出，而在不同的学科之间，要承认差异，尊重别人研究的学问。一方面，要保障学者有从事各种学术活动的自由，学术自由的根本价值在于为创新提供氛围，有了学术自由才可能创新；另一方面，如果某些学者的研究立场不利于国家和社会的稳定，影响甚至破坏了学术共同体的外部环境和内部氛围，这时就不能抽象地谈学术自由了，必须有一定的约束机制，从而保证其他绝大多数学者的学术自由。我想，只有认识到了这些，才有助于在共同体内形成宽松、和谐的氛围，从而调动起所有成员的积极性和创造性，并形成强大的凝聚力。

大学这个学术共同体不仅是学者的工作场所，更是我们共同的精神家园。作为共同体的成员，学者在社会上的影响其实与大学的社会地位紧密相关，人们对某位中大教授的第一印象，往往首先来自中山大学在社会上的声誉，而中山大学这个学术共同体的声誉也正是每一个成员共同努力的结果。我们既得益于此，也为之做出了贡献。简而言之，这就叫作荣辱与共，一荣共荣，一损俱损。

四、作为学术共同体的大学，应该不断完善制度安排

任何一个组织的正常运作，都离不开相应的制度；要让一个组织的运作有效率，就必须有好的制度，学术共同体也不例外。在这里，大家认同学术道德与学术规范，并自愿接受这些道德和规范的制约。而制度又分为两种，一种是正式制度，一种是非正式制度（即制度文化）。前者容易理解，是指人们有意识建立的并以正式方式加以确定的各种制度安排；后者则是指由文化与传统所形成的内在约束，虽无明文规定，但人们心中有标准，并会忠实地遵守。对于中山大学这样有着悠久办学传统的学校来说，后者的作用可能更加深刻而持久。

举个例子，在职称聘任的过程中，总有落选的老师来向我反映，说自己达到了申请职称所要求的标准，为什么还落选？其实，对这个问题我也是不止一次地说明了，学校相关文件所列出的教师职称聘任条件，是我们对候选人申请某一职称的最低要求，而不是说你达到了这个条件，就一定能够申请成功。这是一个必要条件，而不是充分条件。这就如同一个门槛，你能够跨过这个门槛，只能说明有资格去申请受聘更高一级的教师职务，仅此而已。至于学校人事处和各个学院的工作，就是要根据《中山大学章程》筛选出一个可以提交学校聘任委员会讨论的名单。因为学术发展没有终极，整体水平总在提升，满足教授水平的标准是变化的，总的趋势是不断提高的，所以我们只能制定"准入"的标准，最终的结果，则取决于申请者的学术贡献能否得到多数评委的认同，这就是学术共同体中的"清议"。或者可以说，"清议"是一种纯学术的评价，是一种"共同体认同"，虽然没有明文规定，但在每位学者心里都有"一杆秤"，衡量或者认同中山大学的教授应该是一个什么样的水平。然而，"清议"的力量还不止于此，如果学无所成，或者不学无术，或学术不端，"清议"的力量是足以决定一个人能否在学术圈中立足的。据我所知，学校实施教师聘任考核以来，就有三十多人在考核后离开学校教师岗位，我想，这主要是学术共同体中"清议"的作用。

那么，怎样才能取得"共同体认同"而不因"清议"出局呢？我想，一方面，毫无疑问地，学者必须做出学术贡献，要有学术影响，并得到同行的认可，体现在职务聘任上，就是在"跨过那个门槛"的群体中脱颖而出。另一方面，既然作为这个共同体的成员，你的学问、为人和品行还要得到共同体的认同，那么，如果能主动融入共同体，论文数量可能就显得不那么重要了。当然，我也要提醒那些有着学术评审权力的人，必须对学术共同体负责，不能为了"小圈子"的利益而去排斥他人，处理学术的公共事务时，情绪和感情不能战胜理智。

在学术共同体中，类似"清议"这样的非正式制度，其实是一种文化和传统，历久弥新、不易改变。但是，对有意识安排的、明确建立的成文的正式制度，则需要不断反思，止于至善。例如，随着人事制度改革的进一步推进，学校将不可避免地面临各类投诉。按照以往的做法，这些投诉只是由人事处等职能部门负责处理，而许多问题最终往往都会汇总到我这里来裁定。这就出现了一个问题，校长和职能部门也是政策的执行者，把在政策执行过程中发生的争议，再交由政策执行者来裁决，是不合适的。而且，这种情况又使职能部门背负上了相当大的压力。因此，学校确实需要设立相对中立的机构，来应对各类申诉，就申诉中的问题进行仲裁。现在学校也设有多个受理申诉的委员会，但是，这些委员会的组成人员仍以职能部门负责人为主，在执行的过程中颇难中立。为了使大学的行政运作更加有序、有效，营造公正、公平、和谐的大学文化环境，有必要在原有各申诉委员会的基础上，成立一个校级的学术与行政仲裁委员会（暂定名），下设教师职务聘任、人事争议、学位授予、学籍管理等分委员会，成员应包括教授及学生代表，必要时可以公开听证的方式处理相关申诉。职能部门工作人员最好不进入仲裁委员会，只在必要时向委员会做解释或提供咨询意见。这实质上也是事、权分离的一种尝试。当然，这个委员会必须认同大学作为学术共同体的核心价值，其组成人员应该兼具学术成就和个人威望，既守法、理性，又富有理解力和同情心。至于其如何具体组织和实施，与之相关的学校各种制度、章程、条例如何配套与规范，则还需要进一步研究。

五、作为学术共同体的大学，要明确行政部门的责任与义务

行政机构是现代大学根据发展需要逐渐演进而成的，可以说天生就是从属于学术的，虽然习惯上将大学的行政部门叫"党政管理机构"，但我们强调管理就是服务，要寓管理于服务之中，这也是我们行政工作的基本理念。应该说，中山大学行政人员的服务精神和工作态度，在国内同类高校中，是比较好的，服务的理念已经逐渐深入学校行政人员的心中了。在继续做好"服务"的同时，在这里，我要强调的是责任。

首先，大学行政机构最重要的责任，在于维护学术共同体的利益。这个命题看似简单，其实不然。学校职能部门的领导，在处理问题特别是那些重复信访的问题时，要十分敏感，因为这些问题极可能会违反政策的原则，我们行政部门的负责人是政策的掌握者，一言一行代表的是学校，因此，必须公平、公正地处理问题，绝不能凭借个人的好恶来做判断，必须时刻考虑到政策的原则性和大学这个共同体的利益。这一点，我想无论是学校领导，还是中层干部以至于普通工作人员，都应该时刻牢记。

其次，行政部门要为大学这个学术共同体到外部去争取资源和利益。评价一位处长是否称职，有一个标准，就是看他在上级主管部门那里是否有话语权。我始终认为，那些能够参与上级部门决策讨论和制定过程的，一定是出色的处长，因为要做到这一点，不是光靠感情沟通就可以实现的，要融入决策圈，关键还是在于眼界和工作能力，只有坦诚地提出建设性意见，善于出点子，才能成为上级主管部门的工作助手，从而实现学校工作的拓展。

我想，在中山大学这个学术共同体里，我们承载着共同的理想、共同的目标、共同的事业、共同的利益和共同的荣誉，我们有责任把她建设得更好。因为归根结底，这是我们共同的家园。

博雅 GE 微访谈
现代语境下的农耕文明 ①

韩茂莉

对话通识教育

Q：韩老师，请问您理解的通识教育是什么？您如何在课程中贯彻通识教育的思路并设计这门课程？

A：我不清楚教育部、北大如何定义通识教育，我的理解是，通识课程是对大学专业教育的补充。当下中小学教育在应试的背景下，几乎是不完整的教育，文科生不了解理科，理科生对文科知道的似乎更少，这样的教育存在很多欠缺。我 16 岁的时候看到过恩格斯的一句话：用人类创造的全都知识财富来丰富自己的头脑。这句话给我留下了深刻印象。教育应该让人的头脑丰富起来，如今我们的中小学仅重视外语、数学，其他学科多被忽略。也许学校是按照诺贝尔奖获得者的目标去培养学生，而忘记了我们都是普通人。正常的人生，正常的教育不应该是单一的，从事科学研究，更需要广博的知识，把许多东西融合在一起，才能触类旁通。我觉得通识教育首先是弥补我们中小学教育的欠缺，到了大学，更应该知道一些你原来所受的有限教育之外的东西，做个健全的人。

我觉得通识教育的目标不是我一个人、一门课可以完成的，而是要所有课程共同努力，培养出心智健全的、知识结构全面的学生。

Q：请问在上课的过程中，您面临的主要问题是什么？课程既要保证学术的水平，但面对的又是非专业的学生，如何平衡二者的关系？

---

① 课程名称：中国历史地理；受访者所在院系：城市与环境学院；访谈时间：2016年3月10日。

A：这个问题需要通过课程内容、案例选择，以及语言陈述方式去解决。

历史、地理与农业

Q：从历史中分析现有制度、问题的根源固然重要，但是我们如何在学习中有所突破，在有历史观的同时不被历史束缚住开拓的步伐？

A：问题的关键在于理解历史，又理解当下，明白历史背后的事情才能古为今用，且不被历史束缚。

Q：韩老师，请问农业地理对当代的价值是什么呢？

A：有些学问的确是没有多少对当代的价值，就是在象牙塔中的学问。比如季羡林先生翻译了《罗摩衍那》，这对研究印度历史十分重要，今天印度仍然留有很多与罗摩相关的传说和艺术，和中国关系最大的是《西游记》里的猴子，据说原型来自印度。但这和中国当代有关系吗？既不是高科技，也不能创造 GDP。其实，文化的价值并非是物质能够界定的。同样，中国是个文明古国，文明的产生和发展均与农业相关，直至 1978 年以前，农业都是中国的支柱产业，我们是个农业大国。当下农业在 GDP 中占有份额不断降低，但我们的生活没有一天离开过农业，能说这项研究没有价值吗？

我们现在讲生态农业，因为使用农药化肥产生了很多的问题，比如我们去农家乐，主人会告诉你说这些产品来自自留地，是绿色的，言外之意是，自留地以外是不绿色的。古代中国的农业都是绿色的，古代农业存在许多有价值的技术，不仅从中可以发现对今天有用的东西，而且通过农作物地理分布，可以探讨全球变化。农作物对气候的反应很灵敏，气候暖了向北移，气候冷了向南推，固然古代文献中很少讨论到气候问题，但会记载哪些地方种什么、不种什么，我们可以从历史文献中去看古代的气候变化。此外从这些历史记载中还可以发现其他问题，比如农业对环境做出了怎样的破坏，古人又是如何不断做出调整的——其实农民是很聪明的，我的很多朋友都做过知青，他们说，农民虽然没有读过很多书，但他们如果发现今年做得不对，明年马上就会做出调整。可惜古人做的这些调整缺少人去认真挖掘。现在学术界很少有能坐得住的人了，但浩如烟海的文献需要有人年复一年地去看，很多学者在做很时髦的东西，冷板凳差不多没人坐了。以前琉璃厂书店的一位店员回忆往事，20 世纪初明清地方志很不值钱，后来被一个日本书商一大批一大批地买走了，这位店员问他，为什么要买这些没人要的书？日本人说，我们要为你们中国人留点汉学种子。现在真被这位日本人说中了，日本产生了一批研究中国历史的大师。原子弹、高科技我们要看外国的，如果我们自己做历史研究还要看外国的，这就太让人失望了。

文明与现代

Q：韩老师，请问孕育一种文明的具体环境会不会同时给这种文明带来先天的缺憾？这种缺憾是否就是不可变更的？

A：这个问题比较大。比如昨天我们上课讲到大陆和海洋，其实我们不是没有海洋，而是不重视海洋，因此有人把我们的文明称为内向性文明或内陆文明。中国地大物博，以及以农为主的生产方式，成为中国形成内向型文化的基础。康熙皇帝已经很开放了，学习了许多西方科学技术，但他和此前的帝王一样，觉得中国什么都有，不需要外部世界。我们的疆土东边是海洋，但历史时期对于海洋的利用真的不多，也没有向西方国家一样，通过海洋走向世界，也许这就可以算作文明的遗憾。现在讲"一带一路"，我们都会讲外来的东西传进来，我们的东西传出去，这就是东西文化的交流。其实中国历史上，走出去的人很少，东汉时期，班超的一个部下甘英奉命出使到地中海沿岸——这是政府官员到达最远的地方，但仅此一次。另外，西行求法的高僧有法显、玄奘、义净等。这是不是就意味着东西方文化交流中我们也做出同样的贡献？走出去不是中国人与中国历史的主流，而东西文化交流的主角是阿拉伯人、波斯人以及草原民族，如果问我们的文明有没有缺憾，可能这就是吧：地理环境有海洋，却没有利用海洋走出去。当然，缺憾是否不可变更呢？"一带一路"的提出，与十九大加强海洋强国的建设，给我们带来了机会，未来就是走向海洋的过程，我相信未来的中国文化不仅会弥补以往的缺憾，而且会将海洋带来的机遇与文化融入我们的肌体中。

Q：中国的农耕文明是不是有某种独特性呢？这种独特性如何影响了中国的历史和现实？

A：对于农耕文明而言，中国没有特别的独特性，农耕文明的特点就是土地是不能动的。不动产不能动，在这个基础上，定居的农民也是不能动的。定居保证了物质文明与精神文明的积累。草原文明很了不起，匈奴、突厥、蒙古被西方学者称为世界征服者，他们可以一直打到欧洲去。当然我们并不认同他们用武力征服世界，但他们文明的流动性是很可贵的。农业文明在流动性方面是有欠缺的，但是流动的文明没有文化积累的基础。而农业文明就不同了，令我们骄傲的所有一切，都是建立在定居的基础上。定居，这是农业文明的共同特点，中国也不例外，当然在农业文明共同的背景下，讲中国的独特性，几句话说不完。

Q：相比于其他农耕文明，中国的农耕文明是一个现在发展也比较好、留存时间比较长的文明吗？

A：世界存在三个早期农作物驯化地，西亚、北非，中国以及南美洲安第斯山区。西亚、北非以及中国驯化农作物已经有一万年了，南美大概在五六千年前已经开始驯化农作物了。有趣的是，这三个文明所在地都属于第三世界。我有个朋友，是作家张承志，他说过一句话："农耕文明养活了整个人类，但是那些被农耕文明养活的欧美国家却反过来欺负我们。"其实，不仅在国际关系中如此，当代中国农业也经受巨大冲击。

农耕文明造就了我们的国家，但是在今天被忽略了。就北京大学而言吧，懂得中国历史农业的就我一个，我们不是农业院校，不是每个人都需要了解，但是这是支撑中国文明的基础。联合国粮农组织提出粮食安全的概念，设定一个国家进口农产品，不能超过需求的5%，这是粮食安全的指标。但是中国有多少依赖国外的呢？这是需要探讨的问题，有人说国外的粮食又便宜又好，但是我们必须考虑粮食安全。我们有13.8亿人，温家宝任总理时期，曾说过18亿亩的耕地一定要保证，我相信政府一定做到了。但城市在扩展，但凡城市，都是原来耕地最好的地方，比如北京周围的农田也是最好的，但现在北京附近已经没有什么农田了。18亿亩数字是真的，但是其中一定存在劣质田，劣质田能生产粮食吗？另一个问题是，现在没什么人种地了。以前我听说，40岁以下的人不种地了，而现在种地的人更少了，很多人可能种了，但都是只能满足自己的需求。第三个问题是，都在种什么。江汉平原，属于国家商品粮基地，这些地方打出来的粮食是要卖给国家的。我有一次4月份去潜江市，本来以为这个商品粮基地种的是水稻或者小麦，后面发现种的都是油菜。我很惊奇，就和当地的官员要了数字，发现60%以上种的不是油菜就是棉花，种的粮食特别少。当地的官员说，他们也没什么办法，地都在农民的手里，而油菜和棉花的价格会高一些。现在靠得住的商品粮基地可能只有东北了。还有一个问题是，很多地虽然在，但是人都打工去了，地就都荒了。

国家对农业的关注还需要加大力度，粮价太低农民就不种了。但是农产品价格又不能提得太高，日本的解决方案是用其他产业来补贴农业。农业叫作第一产业是有道理的，它不仅是人类最早从事的生产活动，而且是民生的基础，我们需要保全这个底线。农民富了，我们才能真正进入中等发达国家行列。

当然，这30多年，农民生活还是变好了。我没当过知青，但是我妹妹当过知青。在以前每年年终都有人问知青，这一年收成你够不够360斤，这360斤不仅吃，还要包含日常的用品以及婚丧嫁娶等用度。很多乡村里面农民是分不到360斤粮食的。那个时候农民的生活很苦。现在温饱的问题都解决了，这是个翻天覆地的变化。发展是有的，但问题也还是有的。

农业、农民都在变化，植根在深厚历史基础上的中国也在变化。很多媒体的宣传是很恶劣的。比如一过年就说大家都去国外买东西，这是一个恶劣的导向。邓小平让一部分人、一部分地区先富起来，是希望富了的人来支持后面的兄弟。但是现在一个人富了觉得是自己的本事，有了钱就变成了外国人，完全忘记了政策给予的机遇。还有一些人把钱丢在国外买一些名牌，我看那些国外的名牌，几万块钱的包，颜色造型都不好，只剩下贵了。我们现在缺少美的教育，所以大家缺少了一种判断力，只去追求名牌。这是一个恶劣的宣传，使人没有追求，只有物质上的短浅的追求。另一个是不读书。我有一次看撒贝宁的节目《开讲了》，葛剑雄作为嘉宾，也说要多看书。有几个年轻人就接着他的话说开了。一个说要行万里路，在全中国走好多地方；第二个说我要做学生社团工作，实践重要；第三个是觉得手机上都有。葛剑雄是个直截了当的人，不过这次他居然忍住了。但是撒贝宁没有忍住，他说：我第一次看到一个人不读书还自豪！我觉得手机上转载的东西是比较通俗的、大众的东西，手机上是不可能有经典的。

中国的历史是在农业文明的基础上发展起来的，固然今天我们已经步入工业社会，甚至被称为后工业时代，历史中积淀的东西已经发生了很多的变化。面对变化，我们不能说中国比其他农业起源地发展得更好或更差，但未来总是充满希望的。

中国与外国

Q：韩老师，您如何看待《枪炮、病菌与钢铁》中早期农业影响技术发展与现代世界发展进程的观点？

A：世界有三大农业起源中心，和西方距离最近的是西亚、北非，就是今天从伊拉克两河流域到地中海东岸，被称作新月形地带。再从这里绕到西奈半岛到北非一带，从北非到埃塞俄比亚高原（也就是尼罗河的上游），是世界早期的文明中心，也是一个农业中心，主要驯化的农作物是小麦。另一个重要中心是东亚，以中国为主，南方的水稻，北方的粟（小米）和黍（黄米，就是农园二层吃的那种甜米糕），这是中国驯化最早的三种作物。另一个是南美洲安第斯山区，驯化的农作物主要有玉米、甘薯、西红柿、烟草、花生等一大堆。在美洲大陆被发现以前，它们对世界没有什么影响的。

《枪炮、病菌与钢铁》的作者，谈到欧亚大陆中部存在一条自西向东的道路，为什么不是自东向西？西亚、北非的文明影响到欧洲，这里的物种如冬小麦也自西向东传播到中国，传播路径十分清楚。《枪炮、病菌与钢铁》谈到的问题，其实就是前面提到的，谁是丝绸之路上东西文化交流的主角？是西亚人，包括后来的阿拉伯、波斯人，他们承担了主角。中国的这个物种驯化中心主要影响到的是东亚和东南亚，日本、朝鲜、泰国、缅甸等，虽然我们原始驯化的小米，在西亚、北非也有，但是我们没有发现它们向西传播的清晰路径。

Q：中外学者的研究视角有什么异同之处呢？

A：所有搞环境研究的，都觉得，有人类活动，环境就变坏了，因为原生态的植被被农田取代了。这是一个错误的观点。他们只看到了破坏的过程，这类破坏的过程我是承认的，但是他们没有看到修复的过程。有了我们的祖先，于是就有了我们。人的发展意味着农业的发展，祖宗活着我们才活着。活着的基础就是农业与环境，如果没有环境的支持，人口数是不可能从原来发展到现在的。这说明，我们的农民有一种修复方法，国外的很多学者都只看到了一半，更多人跟踪模仿的时候是不动脑子的，我们需要依靠自己去发现问题的另一半。农民都很聪明，他们也许不会总结出什么东西，他们的实践却延续了历史。我们要睁开自己的眼睛来看中国历史，把用这只眼看到的东西用在当下，跟踪模仿不该是永远的。

Q：您是 77 级大学生，1977 年是恢复高考的第一年，请问您当时报考的过程是怎样的？又为何选择坚持读书、走上学术道路？

A：我出身于老式知识家庭，传统教育熏陶很好。我想读书，也愿意读书，很喜欢历史。我 10 岁认不得几个字时就开始看长篇小说，从 12、13 岁起就懂得逛旧书店。还留下了许多古文手抄本。即使在"文革"期间也没放弃读书，文科的书就手抄，理科的书会找同学的哥哥姐姐要课本，在无书可读的年代自学了几何、三角还有其他理科课程。

1977 年 10 月中旬，新闻联播发布恢复高考的消息。当时我还在兵工厂做钳工，生产半自动步枪。11 月初我接到一个补充通知，留城青年可以参加高考，而 12 月就要考试了。我只有一个月的时间准备，还要上班。最终能考上大学，还是离不开长期读书的积累。

那些年是一生最该受教育的时候，无学上，没书读，正因如此，我在入职那天就发誓不以挣钱为目标，这与我年轻时的经历有关。在当时艰苦的环境下都想读书，如今有了优厚的条件，就更想安安静静地读书。

Q：您时常倡导我们多读书。在当今社会的就业压力下，您对当代学子的职业选择与发展道路有什么建议呢？

A：以往社会把学生叫"读书人"，就是倡导我们多读书。受教育是一种本分，至于下一步如何求生，是另一回事。

现在的学生太需要读书，可是却有满满当当的课表，面临着各种各样的诱惑，读书成为一件奢侈的事情。我以前问过 95 级的研究生，答案是读研三年只读了几本书，只有几篇文章。其实，无功利地读书是一种幸福。

北大学生是精英，精英就要承担社会责任。要有远大志向，不要只服从"找工作"的短期目标。其实人生就像跳远一样，工作就像离我们距离最近的沙坑边缘。如果目光更大，脚步就能跃向更远的地方，也自然会越过沙坑边缘。

如果只想着实现就职的短期目标，抵挡诱惑当然是很难的。社会中挣钱的机会比比皆是，我们要想明白读书是为什么，有的是为了挣钱，有的是作为理想，达到后面的境界会觉得很满足。理想会使人幸福、高尚，实现理想的过程中也会增长自己的实力，我们的社会不会委屈一个有实力的人，短期目标不会断送在远大理想中。

Q：您曾经师从侯仁之先生和史念海先生，二位都是中国历史地理学的开创者和奠基者，也都是"禹贡"学会的成员之一。师从大师有怎样的感受和收获？又有哪些学习与读书的经验想要传承给当代学子？

A：史先生博览群书，先秦诸子的著作大多能信手拈来。我很佩服老一辈学者读书钻研的精神。侯先生则对学术研究很敏锐，经常可以观察到需要拓展的新领域。这样的观察和倡导对学生影响深远。

读书一直使我受益至今，我今年六十多岁了，记忆力仍然很好，迅速吸取信息能力很强，书看过一遍就可以记一大半，这与经常看书有关。

学生该如何读书呢？首先看看相关领域哪些大师写得好，进行筛选。如果觉得枯燥看不下去就不看，一本书并不一定都是精华，但能看下去的必须是精华。

Q："中国历史地理"这门通选课自从开设以来，就受到广大同学的欢迎。所谓教学相长，您在教课与学生的互动中，有什么感触？

A：人非圣贤，孰能无过，我从来不觉得自己什么都知道。讲课的时候会出错，同学进行指点，这都是常有的事。上节课我讲到四川阴平古道，随口加了一句汶川地震可能就是这条路，下了课就有同学纠正了我的错误。

北大学生都很聪明，所以跟聪明人在一起才会更聪明。虽然学生在专业方面不一定知道得比我多，但知识面和信息来源却比我更广。我很乐意得到指点，从中我也得到了很大提升。

我很感谢旁听的同学，每次看到他们一站就是两小时，心中都很感动。我的课堂是来者不拒的，有时会看到白发苍苍的老人来旁听，岁数比我都大，我也不会反对。

也许因为我没有孩子，也许因为我渐渐老去，也许因为我没有社交的生活，在我心中学生不仅仅是传道授业的对象，他们真正成为我生活中的重要部分。他们充满时尚的言语，他们童稚未退的调皮，他们朝气蓬勃的年华，他们聪明敏锐的思想，让我感受着青春的光彩与纯真的灵魂，我会在无意中模仿他们的语言并加入自己的词汇中，会在欢笑中走进无瑕的世界。他们告别了少年走进大学，在我们的注视下一天天长大。我在仍然把他们看作孩子的时候，也清楚地感觉到他们的成熟。也许因为我在变老，当他们快乐、高大地站在我周围的时候，我深深地感觉到心灵的支撑与精神的安全。

Q："中国历史地理"旨在介绍中国自然、人文地理格局的形成与发展过程，涉及比较丰富的文科知识。有许多理科同学会专门来听这门课并表示受益匪浅，您对此怎么看？

A：每学期选课时，都有个别同学发邮件说选课意愿点不够，希望帮选，他们大多来自理科院系。这门课程讲述中国历史疆域的变迁、行政区的设置、人口的迁移、社会经济与文化的发展，以及自然环境的变化与人类活动对环境的影响。这些内容不但是当代学生应该知道的最起码的国情、历史、文化知识，而且也是激发爱国热情、振奋民族自豪感的必要教育。

不少理科生摆脱了文科，整天埋头做题，所学有限的文科知识也逐渐淡忘了。而2012年度诺贝尔物理学奖获得者阿罗什（Serge Haroche）就曾说，绘画与歌剧给了自己科研的激情，他在科学与艺术之间找到了"共振"与"共鸣"。人只有掌握了不同领域的智慧才会触类旁通，现在懂得越多对以后发展越有利。

Q：您研究领域比较广，著作很多，您认为历史地理这个领域的现实意义在哪里？由沿革地理迈向现代历史地理，由学术研究转向为国家建设服务，这个转变是怎样发生的？

A：我的强项是古代农业地理。农业是枯燥的，需要翻阅大量古籍。中国是农业大国，应该知道农作物从哪来、到哪去，这对环境研究有很大的现实意义。"全球气候变暖"就与农业关系巨大，农作物取代天然植被对气候变化产生了重要影响。当代学者局限于现有数据，但环境变化是一个连续的过程，需要提供历史的数据。

农作物对环境问题很敏感，需要研究气候变暖周期，要对环境危害做出评估。人口不断增长，需要协调人口和环境的关系。包括当下的食品问题，也可以从历史地理的研究中找到有关的方法。"经世致用"，不是要将学科作为挣钱的本事。打出这个旗号，是为了研究农业对现实环境的作用。

博雅 GE 微访谈
邓辉：从空间的范围分析问题 ^①

邓　辉

对话通识教育

Q：邓老师，请问您理解的通识教育是什么样的？您是如何在课程中贯彻通识教育的思路并且设计这门课程的？

A：通识教育和素质教育有关，是一种修养和修为的培养。大学课程，一种是专业性的，另一种是通识性的，后者要求从更宽更广的角度去看问题，这和个人的修养与素质有一定关系。"世界文化地理"这门课，有一定的专业性，但主要侧重通识性教育，涉及的授课范围也很宽很广。本课程的 12 次课，贯穿的是地理学的专业方法，即从空间的范围看待与分析问题。比如课程涉及的农业、城市等本来都是专业研究领域的问题，但是"世界文化地理"为我们提供了地理学的视角来重新观察、分析上述问题。这种视角是很有趣的，也有助于拓宽学生的视野。总之，这门课既和通识教育不矛盾，又具有一定的专业性，非常符合通识教育的理念。

Q：请问您在上课过程中，面临的主要问题是什么？课程既要保证学术水平，但面对的又是非专业的学生，如何平衡二者的关系？

A："世界文化地理"这门课属于全校通选课，本科三十多个专业的同学都有选课的，选课同学掌握地理学的水平也参差不齐。比如文科生相对于理科生，地理学接触得更多；理科生则比文科生有更强的逻辑思

---

① 课程名称：世界文化地理；受访者所在院系：城市与环境学院；访谈时间：2016 年 11 月 24 日。

维。"世界文化地理"是一门兼跨文理的综合学科，需要在教授课程时掌握一个平衡。

我从 2002 年开始上这门课，开课之初，不同学生在知识上的掌握能力有差异，因此矛盾很尖锐。主要是文科生与理科生因教育背景的不同对本课程有不同的诉求，各自都有很大的意见。但越到后来越发现，这一矛盾本身并不成问题。高中阶段的地理学教育主要是知识性的而非研究能力和分析能力的培养，即尚未体系化和学科化。这门课程最主要的目的则是培养一种研究能力和看待问题的地理学角度，实际上于文理科同学都是新颖的且需要训练的东西。

Q：您上这门课最大的经验体会是什么？

A：最大的经验体会就是教学相长。我教授本科多年，功力增长了不少。在教学互动的过程中，也促进了知识的系统化。课程上同学们的提问，会有一些自己没有想到的角度和问题，这些问题都是十分具有启发性的，也能够帮助自己不断成长。当投入教学中时，通过教学相长，既自身进步，又能对学生有所助益，是很快乐和值得享受的事情。最初开课的时候，很辛苦。积累到了后来，因为教学相长，就能够讲好了。施教于人是有快感和成就感的。

世界文化地理学的教与学

Q："世界文化地理"是一门兼跨 A 类和 B 类的通选课，具有理科和社科的跨学科色彩，本课程如何协调并且充分利用上述跨学科特点呢？

A：这个问题前面的回答已经涉及了。A 类课程尽管倾向于理科，但也有很多人文内容。而 B 类课程也有很多逻辑、实证的内容。两者既有个性，又有共性。"世界文化地理"这门课，尽管研究的是文化地理学，但也很强调自然的要素和理科的方法，比如会涉及自然和人文的关系，以及运用理科研究方法来研究文化地理学的范式等，这些都说明这门课程对于不同学科背景的选课同学均有所训练和帮助。

Q：您在课程中设置了观看《走出非洲》的观影教学环节，当初设计该环节时的主要用意是什么？

A：地理学是一门经验性的学科，需要通过实习来观察和分析现实中的地理要素。世界文化地理原则上也需要实习，但选课同学多，实习成本和难度太高，不太可行。《走出非洲》这部电影根据纪实性小说改编而成，电影主要情节与地理学无关。但是通过情节展开，我们能够从中看到原住民与殖民者之间的关系，人和环境之间的关系，以及当一种生产关系（种植业）介入后，它们会发生怎样的变化。因此，这是一部很好的教学范例。在这部电影中，有短尺度的爱情、中尺度的历史变化和长尺度的地理变迁，而地理尺度则是范围很大、层次很深的，我们要善于捕捉这一层次的问题。

文化地理学的视野

Q：**地理学不仅是一门科学，同时也是一个视角。那么，从地理学的角度研究工业、农业、宗教、语言，与从这些领域本身来研究有哪些区别和联系？能给我们带来哪些新的启示？**

A：地理学是一个学科体系，而非一个单元学科，比如人文地理、自然地理，里面都有很丰富的分支。当初我上学时，很多人认为地理是万金油，人口、经济、地貌、水文、气候等单独的学科都能够和地理学挂上钩，但是它和别的学科都不一样。它把人口、经济、地貌、城市、农业等放在空间里去考察，考察它们之间的相互关系是什么。地理学的意识苏醒之后，在现实生活中也是十分重要和新奇的。这门课对许多同学的启示就是，要把各种要素放到空间里面去考虑，要用空间的视角看待各种要素之间的关系。地理学就是需要人们把具体的知识通过空间体系串联在一起。

Q：**您觉得文化地理学的魅力在哪里？**

A：通过我前面的回答，大家应该对文化地理学的魅力有了比较清晰的了解。我就举几个例子，比如我们讲授课程的时候涉及了某个地点，课后就有同学自发去该地考察了一遍。在未名 BBS 的"世界文化地理"版块，同学们讨论的热情都十分高，以至于有同学看到讨论就产生了选修本课程的想法。这些现象都说明，同学们对于文化地理是有极大兴趣与热情的。

博雅 GE 微访谈
我们的征途是星辰大海 [①]

宗秋刚

通识教育与科普

Q：2017 年秋季学期是"地球与空间"第一次开吗？

A：是第一次开。开这个课主要是因为学校在动员开展通识教育，而我们学校还没有一个包含整个地球与空间的、针对全校学生的课。在高中大家就都学习了数理化，这些方面同学们也都基本做到了通识，但是我们的高中却没有一门关于地球与空间的课。所以我说开一门这样的课是比较有意义的。我是研究空间的，对地球不太了解，就联合了研究地质的郭老师。这门课涉猎的范围比较宽，是一门综合交叉的课，牵扯到各方面的知识，开起来还是挺费劲的。尤其是很多文科生，后面我才了解到他们高中没怎么学物理，所以很多都要用初中的物理基础去讲，还是有一定的挑战性的。

Q：这门课是一门通识核心课，那么您对通识教育的理解是什么？

A：我觉得通识教育就是你各方面的知识全要知道一点，相当于常识的那种。至少我开这门课的初衷就是让文科生有一些理科的常识，能够不是那么漫无边际地去想象。而且现在国家对空间这一领域越来越重视，你可以经常看到关于天宫啊、探月啊、载人航天啊这些方面的消息。通识教育就是你需要知道得特别广，不需要精，但是至少对各个方面有正确的概念和认识。

[①] 课程名称：地球与空间；受访者所在院系：地球与空间科学学院；访谈时间：2016 年 12 月 29 日。

Q：您要跟文科生讲一些物理学方面的问题，有没有遇到一些比较大的麻烦，或者让您印象很深刻的经历？

A：有这样的问题。比如说我解释我们要做一个卫星，它要绕着地球转，肯定要用到物理学的知识。我以前以为向心力这些知识大家都学过，后来才发现到高中文科就不教这个了，他就不理解卫星如果要运行起来，达到的速度应该是多少。这个得用最简单的语言讲出来，所以备课很费劲，我原来很多直接写公式的讲法肯定不灵了。另外我也会采用一些示意图啊、动画啊、比喻啊，这些都用得比较多。

Q：那您觉得您班上的文科同学对这些讲法的接受程度怎么样呢？

A：我上课的时候会找几个参考点，比如说一个学医科的同学和一个学日语的同学，偶尔会看一下他们的表情啊，反应啊，接受的程度如何，懂了没有，如果没有懂就放慢速度，解释得更清楚一点。因为也有理科的同学，就要兼顾文科生和理科生的感受。备课是挺费劲的，还有找材料，原来讲课都是比较专业性的，而现在就要尽可能地把地球与空间和医学的、文科的东西联系起来。现在有很多文科的题材，比如说一些科幻电影，里面的知识是和地球与空间科学相关的，却是没有科学知识背景的人写出来的。这也是我想达到的一个目的，如果你文科的人以后要描述地球与空间，别太离谱了。

Q：空间所的微信公众号会推送一些科普的文章，您也会在网上录一些科普的讲座视频。您觉得这门课和这种科普有什么区别吗？

A：这个是有区别的。原来我做的科普都是面向理科生，他们是有很强的数理基础的。而这门课要讲得更广泛、更宽一些。这个对于我来说也是一个学习的过程，要尽可能吸引学生的兴趣。比如说鸽子感知地球磁场的机理、三文鱼为什么会洄流啊一类的，如果说学生本来是学生物的，就会比较感兴趣。再比如说学生有学医学的，我就把要讲的内容与心跳的活动和脑神经联系起来。我讲过一个故事，阿姆斯特朗的团队有三个人，一个人留守在基站里，另外两个人登月——第一个是阿姆斯特朗，第二个是巴兹·奥尔德林（Buzz Aldrin）。后面所有的光环都集中在阿姆斯特朗上，第二个登月的人就很悲催。这种巨大的心理不平衡使得巴兹之后做出酗酒等事，心理出现了很多问题。当时我鼓励学生，研究心理学的人做作业就可以分析这个。所以我就是尽可能讲空间和学生所在领域有可能有交集的地方。

Q：老师您平时会看一些科幻小说或者科幻电影吗？您对这些作品中提到的科学问题有怎样的评价？它们说得靠谱吗？

A：小时候会看，现在根本没有时间。西方的科幻作品往往有科学顾问，只是把其中的一点进行艺术加工和放大而已，基本上还算靠谱的。比如说《星际穿越》啊，《2012》啊，只是放大了一点。可是我们国家的科幻作品很多地方不靠谱，这也是我当初想开这门课的初衷。比如说最近看一个电影，看了一半就看不下去了。里面有个"上帝的种子"什么的，一浇水就一下子长出来，明显违反质量守恒定律的嘛。这个是我在课上想着重传达给文科生的，你不能违背一些最基本的东西，比如说能量守恒、质量守恒。尤其是北大培养的学生以后很可能成为国家的栋梁，首先自己就不能错得太离谱了。

Q：在您的领域，您有比较适合推荐给文科生的科普读物吗？

A：我们空间所的焦维新老师写了一系列科普方面的书，他现在退休了，基本上是在专职做科普。我可能没有足够的时间，但也会尽可能地做一些科普，前一段时间也录了一些科普讲座。科普还是比较重要的。我们所的微信公众号也在做这方面的工作。

助教：宗老师也会发一些科普书目的推荐，还有对新出的科普读物的审阅工作和书评。包括我们空间所的公众号也在做，反响很好，因为我们的科学性是有保证的。

Q：那您对我们国家现在大众的科普水平满意吗？

A：差得太远了，常识上面的东西都差得太远了。我在德国待了八年，在美国也差不多待了八年，美国的小学课本都有关于辐射带之类空间知识的介绍，我们现在大学都没有。谈论到对空间方面知识、概念的普及，实际上还有很长的路要走。特别是现在网上传播的内容，缺乏科学性的实在是太多了。对于我来说，这也是开设这门通识课的一个原始推动力。

Q：您是怎么进入您现在的领域的？您本科学的是核物理，是什么引起了您对空间物理的兴趣呢？

A：最开始，我上大学的时候全国人民都在宣传李政道、杨振宁的事，所以就选择了物理学。原来学核物理，对能量粒子的行为建立了概念，后来知道更高能量的粒子是从宇宙线中来的。大学毕业之后到了科学院的空间所，开始接触空间科学后就基本上没有变过方向。也许是个人性格的关系，我不是特别喜欢变动。我在这方面至少有一个很简单的理念：你要和别人赛跑，要换跑道的话就要从零开始，而别人沿着一条路已经走得很远了，你就永远不可能追上他了。而如果我沿着一条路一直走，即使跑得没有别人快，也不会落后很多。所以我就觉得这样比较好。

当然，还是有过几次可能让我改变轨道的事。当时去南极考察，我们有一些港台的记者，开出很多优惠的条件，动员我去他们在大陆的公司。还有我在歌德学院学德语时，同班的同学非要我去他们公司干点活赚点外快。我说那好吧，反正有时间就干了。之后他说，你要不就别去搞科学了，我们赚钱这么多，你何必呢？但是我总觉得那不是我感兴趣的东西，赚钱不是一个人唯一的目标，还是要有点兴趣才行。当时计算机行业非常热门，转行的人很多。现在回过头来看，我们那个年代有相当多（学空间的人），即使是在北大学空间的，都去搞计算机了。因为1990年到2000年之间计算机领域非常热，你只要是参加一个培训班，就能在很多公司找到工作。到现在我对我的选择还是很满意的。

Q：那么您在德国读博士的时候有没有什么印象深刻的经历呢？我们的学生过去会和那边有很大差异吗？

A：感觉最大的一点，到德国的时候我实际上已经在空间所有了中级职称，当时有博士学位的人并不是很多。我在国内做了一年多的非线性动力学研究，全国人民对非线性都感兴趣。我在德国的导师，在口袋里面插着一个很小的笔记本，里面有很多近似的公式，我算的一些东西他很快就能告诉我一个范围，告诉我我的计算结果有没有偏离实际。所以估算的理念一直贯穿在我的研究中，这个是很重要的。我觉得我们以前学的和西方之间还是有区别的，主要是理解，我们虽然知道所有的公式，但是在对概念的理解、公式的理解上面还差得很远。另外一件事就是刚拿到博士学位之后不久，一天晚上工作到十一点多，从办公室回住的地方，突然看到红色的极光，我很兴奋，把所有的人叫起来看。如果回头来看，我对这个学科还是比较喜欢、热爱的，我在德国的时候，大概半年内没有离开研究所方圆两公里的地方，所以我觉得我还是比较用功的。

助教：宗老师现在也比我们这些学生用功，这是事实。

关于空间研究的问题

Q：现在我们的技术越来越发达，对地外空间的依赖越来越强，空间环境的变化对人类社会的影响也越来越大，这个时候我们会觉得人类的力量非常渺小。那么我们有没有办法去预测甚至防止空间环境变化带给人类的损失呢？我们现在的研究离特别好的预测还有多远的距离呢？

A：是啊，这是研究的一个主要方向。你了解自然，不一定能改造自然，但是可以适应自然，这是一件很自然的事。包括你怎么增加防护层啊，改进你的探测器啊，才能尽量把灾害降低到最小，这个是可以的。而改造自然，目前来说是费劲一些。现在那种特别大的磁暴能够提前几个小时预警是没有问题的，要是想更精准地预测还是有一定的距离。越大的事情就可以做得越好，但精细的预测可能还是不太好。我们国家现在所有的发射都要核实空间天气的保障，需要预测，做得还不算太离谱。

Q：大家会设想利用太阳风的能量解决人类的能源问题，包括为宇宙飞船提供能量等。您可以比较通俗地介绍一下这方面的可能性和研究状况吗？这里面需要我们去跨越的困难主要是什么？它有没有可能成为解决人类能源危机的一条可行道路呢？

A：比如说我们特别远距离的空间探测，可以用一个风帆，让太阳光的光压去推动，就像船一样航行。各个国家都在做这方面的试验，我们国家也在做。太阳风的能量、空间等离子体的能量等，我们都在构想（怎么去运用）。这些都在研究当中，怎么利用、怎么控制这些能量，是很费劲的。困难的地方，首先是对空间环境的精准认知，只有知道了它的精确行为，才能利用它。然后是工程阶段，你做的航天器要能够适应这种环境。我们在很多方面有不同的实验，包括对空间电磁场的感知、太阳风的能量、把等离子体转变为电推进等，都在做。这些方面对人类能源危机解决的帮助，也许在五十年后就能看到。现在研究太阳核聚变是比较热门的，太阳风的能量也许暂时还不易收集和利用，但是对热核聚变的研究是很有帮助的。

Q：您参加了很多国际合作的研究项目，那么您是怎么看待研究中国家之间的合作与竞争的？

A：这种合作是必然的。空间是非常消耗财力的项目，单独一个国家做会有各种各样的问题，所以要集思广益，要集中各个国家的力量——实际上这是一条捷径。而且太空和别的地方不太一样，你虽然可以说它是疆土，但是没有明确的划分，它是可以属于任何人，或者说属于全人类的。所以合作是必然的。可竞争也是，因为牵扯到一些技术的保护，美国就不愿意我们接触，认为中国是一个潜在的对手。只有实力大体相当的时候才能谈合作，否则你用什么去合作呢？以前，即使在美国和苏联很敌对的时候也有空间合作，因为苏联的运载能力，还有空间站的建设能力，都是美国所需要的。而我们国家的空间能力如果没有很强大，就不会有广泛的国际合作。

Q：以前人类一直把目光停留在地球上面，那么您觉得人类对空间这样一个庞大领域的研究会不会改变人类对自己的认识，包括国家之间的相互认识呢？

A：空间研究是人类提升自我的一个机会，一个途径。登月、空间探测等方面的进步都可以改善人类的生活，对于人类自身的发展还是有好处的。日后一旦发现地球不适合人类居住了，人类也会有地方可去。从恒星演化来说，太阳演化到一定的阶段就不行了，地球就势必要毁灭，这是人类在更大的时间尺度上必须面对的问题。

助教：这个问题很有意思。在地面上，你有你的国家，我有我的国家，但是在仰望星空的时候，我们仰望的是同一片星空。空间研究领域的合作其实是很有象征意义的，比如说我们有一个共同的国际空间站在上面。当然，这里也会有很多问题，只能说是既竞争又合作的。

博雅 GE 微访谈
生物源流与人生行迹 ①

顾红雅

通识教育与自然科学

Q：您对通识教育的理解是什么样的？

A：通识教育挺好的。作为一个大学生，每个人都有自己感兴趣的专业主修领域，而通识教育是向各个专业的学生传授非专业领域的基础知识。这有一点像科普，不过我认为是"高级的科普"。像 Science（《科学》杂志）和 Nature（《自然》杂志）作为影响力很大的刊物，其实其目标也是做成一种高级科普刊物，即希望用浅显的方式和通俗的语言把一个领域的最基本概念、常识与最新的进展介绍给大家。也就是说，不管你学什么，你要知道生命科学是一个非常有意思的领域，它有一些古老的成分，有一些非常核心的概念、原理、技术，并且用这些知识和技术可以解决与你息息相关的问题。总之，这是一种知识结构的完善乃至一种修养。

Q：您所谓的"高级的科普"高级在何处呢？它与大众所见的某些科普书和讲座之间的差别在何处呢？

A："高级"之处在于，它也有比较深的知识点。比如在演化理论中，我会涉及分子演化。分子演化其实是比较难的，需要你有一定的生物学的知识才能比较好地理解。此外，它会包括最新的前沿的发展，会综合很多领域的原理、技术。

---

① 课程名称：生物进化论；受访者所在院系：生命科学学院；访谈时间：2016 年 12 月 8 日。

Q：作为一门面向包括文科生与理科生在内的全校所有本科生的通选课，您是如何处理学术水平与通识指向之间的关系的呢？如何把握这个尺度？

A：你的 advanced（前沿）要 advanced 到什么程度？这是蛮难的。我上这门课有十多年了，也跟学生们有很多的交流。我是这么来做这件事情的：来学我这门课的，你有一个中学的生物学基础就够了，现在中学生物学讲得挺全的；但是你一点基础也没有，我是不建议你来上这门课的。你需要有一个 pre-requirement（预先的知识准备）。另外一方面，对于专业的同学来说，他们可能会觉得这门课的内容比较浅。他们吃不饱的问题如何解决呢？所以我每次讲到深一点的知识的时候，我会给他们相关的参考文献或者网站，以这种方式给他们探索的机会和路径。他们想要进一步了解，可以去研读参考文献、上网站。但是，对于这门课的其他同学我是不要求的，这些拓展内容也不会计入考核中。

Q：这个问题引申出另一个问题，即：学校通识教育改革的一个重大课题是"如何向文科生讲授自然科学"。您对此有何心得体会呢？

A：学我这门课的文科生可多了（笑），应该占多数，学得都挺好，并且也很能得高分。我很喜欢他们。我是觉得，只要你课程的设计想到这一点，就能做到这一点。另一方面，我们很多文科生都有理科背景，学这样的课对他们来说也不是太吃力。

Q：您在这门课的具体设计与教授中有没有遇到什么困难或问题？您又是如何解决的？

A：最开始困扰我的就是混学分的问题，把我气得够呛（哈哈一笑）。所以，我在第一节课对同学提课堂要求的时候就明确说："如果不确定自己有无基础，最好来找我面谈。"我与他聊一聊，借此了解和判断他能不能上这门课。这是经过几年的摸索总结出来的。第二，为了避免混学分的行为，我在每节课后都有一个类似点名的环节。不是真正的点名，那样枯燥、效率低而且容易作弊；我的做法是每节课后留一个综合该节课讲授内容的思考题。这个思考题是开放式的、没有标准答案的，需要学生结合课堂内容自己思考。并且助教收集答案后会进行统计和整理，第二节课我来进行点评。这种方式保证了同学们的出勤，更重要的是充分调动了同学们认真听讲、课下深入思考、提出己见的积极性。可以说，做到了让感兴趣的同学们更感兴趣，不感兴趣的同学们找到兴趣。

生物源流与生命奥秘

Q：咱们这门课程的名称叫作"生物进化论"，但在MOOC慕课网上这门课程叫作"生物演化"。这种称谓差别的背后是否有某种翻译上的考虑？

A：进化也好、演化也罢，这本身是一个外来词，英文是"evolution"。开始引进这个词时，严复先生——也是我们北京大学的老校长——将其翻译为"天演论"，他用的是一个"演"字。目前国内基本上通行称作"进化"，并且我国的"科学技术名词审定委员会"这一权威机构也使用"进化"这一译法。

"进化"这个词的问题在于，"进"似乎有一点进步的意味，隐含着某种由低到高的趋向。但是如果我们去看evolution这个词的定义的话，它是不包括方向的。简言之，evolution就是某种可以遗传的改变。即它具有两方面的本质：一是要改变，二是能遗传。

但是，我们看到的生物演化的趋势确实是从简单的变成复杂的呀。这就涉及驱动演化的各种因素。有自然选择、中性选择、不均等交配等。自然选择就是有方向的。之所以演化没有方向，而我们看见的结果有方向，就在于驱动它的"力"是有方向的。因此，有人将演化与自然选择放在一起，称之为进化是没有大问题的。但是"进化"这个中文词严格说来是没有对应的英文词的。有一回我问一个学生"演化"怎么翻译，他说"evolution"；我问他进化怎么翻译，他反应了半天："good evolution"。哈哈。

总之，evolution这个词的准确译法还是"演化"。当然，你不是不可以用"进化"这个词。但是在使用它的时候，你要明白你所说的进化是什么含义。

Q：是不是可以理解为，演化＋自然选择＝进化？

A：需要澄清的是，用进化来翻译evolution本身是不确切的。更准确的说法是，自然选择驱动的演化的结果是适应；许多其他的因素也都能驱动生物的演化，比如突变、遗传漂变等。自然选择说的是，只有那些有益于生物生存和繁衍的变异才能够被选择下来，从而使得生物不断适应变化的环境，这是 natural selection（自然选择）；但是还有一些随机因素，究竟哪些变异能被遗传给下一代、能被固定下来是由随机因素决定的。还有些变异对生物来说是中性的，不好也不坏，但是没准哪一天环境一变，原本中性的就变成适应环境的了。总之，生物演化是一个很复杂的过程，驱动它的因素有很多，这些因素之间也可以是相互关联的。

Q：演化的一个重要步骤是从非生命进化为生命。您认为非生命与生命之间有什么本质的差别吗？如果有，差别在何处？

A：差别当然是有的。我们可以用很多标准去定义生命：遗传，变异，应激，新陈代谢……但我认为生命还有一项重要的特质：自然选择驱动下的 evolution（演化）。这是让整个生命的发展趋势越来越适应环境的源泉。这是我十分看重的生命的特质，也是非生命所不具有的。当然，现在很多计算机程序也能升级，但这都是在人工的控制下完成的。

Q：那么，生物演化理论究竟是如何改变了人们对生命本质的认识呢？

A：这是一个很有意思的问题。我在课里也讲到了，人们对生命的认识经历了一个发展过程；但真正开始对生命的本质有科学的认识，是源自达尔文的生物演化理论所搭建起来的框架。达尔文的生物演化理论奠定了生物学作为一门科学的基础，同时对整个自然科学也有很大的推动作用，推动人们用科学的方法去观察事物、认识问题、做出自己的假设，并用观察与实验证实自己的假设；这套方法本身对自然科学有很大的借鉴意义。另一方面，生物演化理论告诉我们，所有生命都来自一个共同的祖先，这对生命科学的发展也是意义重大的；这意味着我们在解释问题时能有一个共同的基础，很多东西能够说得通了，比如很多生物基因组的解析，原理和方法都来自生物演化理论，另外我们也能通过其他生物来研究人的某些疾病。

Q：谈到"生命"，启蒙运动中有一种对生命的看法：生命与机器没有本质的区别，生命现象与机器运作没有本质差别。您觉得如何批判这种观点呢？

A：生命与机器之间当然有本质的差别。机器人要达到真正与人相近似的程度，还有很长的路要走。机器人或者说人工智能，终究还是人制作出来的，尚不能独立演化。如果有朝一日它能够做到独立演化了，那可能就与人差不多了。但其实还有很长的路要走。要把人的大脑的复杂回路模拟出来从而建立认知，是非常困难的。

Q：您认为动物与植物之间最重要的差别是什么？

A：其实在单细胞阶段，动物与植物挺像的。比如裸藻又叫眼虫，那么它究竟是虫还是藻呢？但是到了多细胞生物的演化阶段，比如种子植物，它在发育的程序上就开始跟动物有很大的区别。动物比如脊椎动物，它的性细胞老早就定好了，即在它们发育的早期，谁是生殖细胞就已决定好了。但植物不一样，今年花开完了明年再开，它处于一个从营养细胞到生殖细胞转变的连续过程。在生物演化的过程中，一开始它们区别不太大，然后慢慢地这两个谱系就分开了，产生了很大的差异。这是一个非常重要的差别。

Q：如何理解高度复杂的遗传过程中的稳定性与突变？通俗地讲，是一个什么样的机制保证了遗传过程大致不出错？

A：在生物演化的历程中，这其实是一个不断改进的过程。大家都知道，DNA 是除病毒以外的所有生物的遗传物质。遗传之所以稳定，就是因为 DNA 以双链的形式存在，在复制时双链分开，分别以一条母链为模板进行复制；细胞在一个变两个的时候，遗传物质会 double（加倍）一下，从而保证两个细胞中遗传物质的一致性。而突变就是 DNA 的碱基序列发生了改变。很多因素能造成 DNA 突变，但生物也演化出了一套纠错的系统。在细菌这样的原核生物中，世代之间的时间间隔非常短，所以突变的速率就比较快。在细菌的生命系统中，其纠错系统比较简单，因此纠错能力比较差；我们之所以不能滥用抗生素，就是因为细菌突变速率快，大量使用抗生素相当于给细菌施加了很大的选择压力，结果是很快就会把具有抗药性的变异基因给选择出来。举个不太恰当的例子，拿颜色来说，颜色多意味着多样性丰富，若不同的颜色处在一个大的颜色背景之下，如果这个背景一会变红，一会变蓝，一会变黄，那么你越多变，就越有可能适应环境，因为总有一些颜色与多变的背景色相匹配。纠错能力强的话，这样的变异反而会比较少。所有个体若颜色都一致的话，在稳定的环境中可能很好，但环境一改变就麻烦了。随着生物的不断演化，在自然选择的作用下，总体的趋势是生物纠错能力不断增强，进而保持这一物种的 identity（同一性），这对多细胞的生物是很重要的。

Q：您如何看待道德、审美等不同于一般生命活动的人类现象？您认为社会达尔文主义是否合理呢？这些东西与生物演化理论关系大吗？

A：没关系。哈哈哈哈！上过我的课的同学都知道，我是非常反对把生物演化理论运用到社会学里的。人是很特殊的一类生物，就像你说的有道德、伦理、法律的约束，而我们的生物演化理论的主要框架是达尔文的自然选择学说。然而，自然选择不会告诉你哪种道德是好的，哪种道德是不好的，生物演化理论不适用于社会学。另外，将其应用于社会学有时是十分危险的。比如德国纳粹对待犹太人的暴行，就是以生物演化理论的"优胜劣汰"等作为理论上的根据的。所以我自己是非常不同意将生物演化理论应用于社会学的，尽管这在学术界是存在争议的。但是，人作为生命世界里的一分子，我们还是受自然选择的作用的，一些影响人类生长和繁殖的突变还是会被"淘汰"的。也就是说，宏观上人类是受自然选择支配的。但是另一方面，在医药科技很发达的今天，很多由基因突变造成的疾病都能被医治，而这些突变基因就能被保留下来，这搁在其他物种中是不可能的！在这种情况下，如果以自然选择为理据放弃医疗不就成了反人类了吗？

Q：假设人有一天拥有了任意进行基因改写与创造的能力，您认为人们应该如果做呢？

A：人还是应该顺应自然。现在人们对自然界之和谐的干预与破坏已经太多了。而科技的进步恰恰应该意味着能够更和谐地与自然相处，而不是进一步干预自然。自然界的运行有其规律，地震、台风、海啸，这些自然灾害是你挡不住的。自然界的力量远比我们想象的强大得多，我们只能去研究其现象、掌握其规律，从而更好地预防灾害，将危害减到最低。

人是一种特别本位主义的生物。历史上曾发生过五次生物大灭绝，基本上都是因为行星撞地球、火山爆发等使得环境急剧变糟。有的人会说，灭绝一些生物有啥关系呢？生物界就是这么走过来的。但现阶段的物种灭绝是反常的，其速度过快。人应该站在自然规律的角度去考虑、去行动，即使会使经济等遭受一定的牺牲也义不容辞。这就不仅是科技的问题了，还涉及国家政策、经济利益等层面。我们只有具备很高的智慧，才能将这些关系处理好。

人生行迹与《燕园草木》

Q：您曾在南京大学生物学系读本科，后又赴美国华盛顿大学攻读博士学位，最终又来到燕园进行教育与科研工作。您觉得不同时期、不同地点的学习状态有什么差别吗？

A：我念本科时的情况与你们完全不一样，我们那时的学习状态应该说与现在学生的学习状态是不一样的。我从小学到中学的十年，正是"文化大革命"的十年，基本上没学到什么东西。我是恢复高考之后第一届大学生，也就是 77 级本科生。77 那一级，可以说是积累了十年的人才。那时我们整个班的年龄差别非常大，但所有人都是如饥似渴地学习，根本不存在什么翘课啊、代签啊、偷工减料的事；大家的学习状态非常好。然而，我们那时学的东西还是相对比较陈旧的，毕竟我们封闭了十年。所以我出国之后，一下子接触到那么多前沿的新鲜知识，触动还是非常大的，我当时就暗自决心要赶紧学好，然后把这些知识带回到祖国。另外，我们那时工作是包分配的，所以面临的工作选择的焦虑也不如你们多。当然，娱乐等诱惑也比你们少很多。总之，我们那时是如痴如醉、心无旁骛地学习。

我到美国之后，发现他们学生的一大特点是很能讲。这与他们的训练是分不开的，他们会学着去 present（展示）自己的科研成果、提出独到见解。所以在我开的这门课上我也在努力地培养学生们独立思考、清晰表达的能力。

Q：不管是生命科学学院也好，还是我们北大的其他院系也罢，一个相当普遍的现象就是男教授比女教授多得多。您对此有何看法呢？有没有想过其中的原因与出路？

A：我曾关注过这个问题，还将新中国成立后至今我们学院的教授、副教授、讲师的性别情况做了一个统计。在我父母那一代，男女的比例大致是均等的，这不得不归功于毛泽东时代。"妇女能顶半边天"

是当时的口号。但其实仅有口号远远不够，还需要社会各方面的努力。我们父母那一代，单位有非常实惠的托儿所，然后是幼儿园、小学、中学。还有诸如此类的社会支持，这些都使得妇女们真正被解放出来了。不仅是嘴上嚷嚷，背后还有具体的帮助措施，因此妇女真正无后顾之忧地去工作。到我工作的时代又减少了，女性大致有三分之一。现在又慢慢多起来了，但还不到二分之一。这是教授层面的情况。但非常有意思的是，我们看生命科学学院的研究生，绝对是女孩比男孩多。那么，女孩最后都到哪里去了呢？

总之，我觉得要解决这个问题，首要的是社会的支撑要到位。就比如很具体的，幼儿园入园难问题怎么解决？另外，女性本身有自己的特点，比如要怀孕生子。那么制定具体的政策时要考虑到、照顾到女性的特点，有针对性地予以帮助，减轻女性的负担。

另外一方面，女性自己的自觉与主动是非常重要的，这需要我们的教育和熏陶。我们"中国植物生理与分子生物学学会"下面专门设有女性科学家分会，每年会组织至少两次"女科学家校园行"，会到各高校，尤其是中西部地区的高校去，做一些科普、座谈、问答等活动，给女孩子们以鼓励。

Q：谈到您，就不能不谈到《燕园草木》这本深受北大师生乃至校外朋友喜爱的燕园植物导览书。可是许多北大学子或许是因为学业压力过重，或许是因为沉溺于电子娱乐等活动，越来越对这些燕园风物持漠视的态度。您作为这本书的两位主编之一，对我们有何建议呢？

A：其实生物世界是丰富多彩、美不胜收的，就看你有没有眼光去发现。或许是从小养成的习惯，我特别爱观察自然界中的事物，这个习惯一直保留到今天，并与我的专业息息相关。北大校园有得天独厚的自然条件，很好地保留了一部分原始的植被；你在四环边这一大片走一走，能够很好地保持原始植被的就只有北大校园。我们北大学生应该充分利用这些资源，起码不能输给前来参观的外来游客呀！我们平时走路的时候就该多看看身边的这些小草小花小动物呀，不要一天到晚看手机！

这学期课堂上有一件事让我感受蛮深的。一个学生给我发来他拍摄的燕园里一种小鸟的视频，说："顾老师，以前没上您的课，我们都不会这样东张西望的。"因为我总是用校园里生物的例子来给他们讲授理论。我这样做，其实也是想告诉同学们，平日生活中要多关注自然。我至今记得我在华盛顿大学读博士时一位老师的话："你知道得多，就会比别人看得多；认识得多，你的快乐就会比别人多。"别人只是觉得这花好看，你还能明白好看背后的生物学意义，再跟别人分享，就把快乐又传递出去了。不是吗？总之，多关注自然，多看看自然中的生物，多获得一些快乐。这又不多花费你什么，不就是少看一下手机、少看几个段子吗？

博雅 GE 微访谈
给文科生教化学是种怎样的体验？ ①

卞 江

通识教育三问

Q：卞老师，请问您理解的通识教育是什么？您如何在课程中贯彻通识教育的思路并设计这门课呢？

A：我个人的体会是，通识课是为学生打开面向本专业以外其他知识领域的窗口，首先是让学生对人类文明的各个方面有一个比较全面的认识，其次是理解这些知识所承载的人类精神和价值观，从而有助于文明的传承和发展。

通识课一个可能出现的问题是课程内容和目标流于空泛，这容易使通识课变为科普课、"轻松课"。我一直认为并且坚持，一门课应该给学生带来持久的影响。这种影响可分为几个层面。第一个层面是知识上的，这是基本要求。第二个层面是思维能力上的，希望学生在学习这门课以后在思维能力、批判能力等方面能有明显提高。第三个层面是人生观上的。一门课程可能给学生带来人生观的思考，这能带来长期的甚至终身的影响。这三个层次依次深入，对学生的影响也依次上升。

为实现这个目标，首先是重新梳理这门课程的主线，使之与人类文明和认识发展中一些里程碑事件关联起来，充分展现科技、人类、社会三者之间的互动关系。例如，在材料化学专题中，课程从一个基本问题切入主题："在历史上，为什么是欧亚大陆人发现了美洲而不是

① 课程名称：化学与社会；受访者所在院系：化学与分子工程学院；访谈时间：2016 年 7 月 24 日。

反过来？"在提出各种可能解释后，课程引入贾雷德·戴蒙德（Jared Diamond）获普利策奖的名著《枪炮、病菌与钢铁》，引导学生从对人类历史的思考进入对材料技术领域的认识。然后，再进入钢铁冶炼技术及后续发展。通过上述关联，课程把钢铁冶炼技术与人类历史衔接起来，将一个化学问题嵌入人类文明的大背景之中，从而带给学生跨学科的思考。

其次，促进学生阅读，特别是读一些名著，其中包括一些著名科学家的著作。这些著作曾经影响过一代人的世界观。课程设有讨论课环节，讨论题目、阅读书目和讨论课时间在学期一开始就发给学生。在讨论课上，学生以小组为单位就某个话题、某本书的某一章节、某部影视作品中的科技—社会问题进行讨论，同时老师进行点评。在整个讨论课的环节，老师对讨论的要求对保证讨论课的质量非常重要，这些要求应该在讨论课之前明确无误地告知学生。如果没有明确的要求，讨论课可能会流于形式。

最后，把课程的重心从以化学为主调整到以化学与社会的互动为主，使课程中的文、理结构处于一个相对平衡的位置。这样，课程从一种居高临下地教给文科生理科知识的角度转变为科学与人文对话的角度，这是一个更平等的表述方式，也有利于吸引文科学生加入交流和讨论。比如课上要讨论"什么是人"。对于这个问题，人文社科各有各的说法，理科也有不同的说法，例如生物进化论、脑科学和医学。我们把视野扩大到整个人文、社科和自然科学，这样会使这个问题变得更加有趣。此外，我们也会探讨科学最基本的内涵是什么。这样能够让同学们将来思考问题有一些立足点。

Q：卞老师，请问在上课的过程中，您面临的主要问题是什么？课程既要保证学术水平，但面对的又是非专业的学生，如何平衡二者的关系？

A：这是一门面向文科生的理科课程，选课的学生多数是对化学以及理科了解不多的文科生。课程既要保证学术水平，又要让文科生能够接受，看上去的确很难做到，不过还是有解决办法。

这门课要避开理科的大多数基础知识，直奔主题，用简明、易懂的语言来讨论理科的应用问题。实现这个目标的关键之一是找到合适的实例作为载体，也就是恰到好处的课程切入点。切入点要符合课程的内容和目标，同时还要能引起文科学生的兴趣和共鸣。

Q：卞老师，您上这门课最大的经验体会是什么？

A：了解你的听众。

多数情况下，教师都清楚地知道自己的目标，但不是所有的教师都了解自己的学生，特别是本专业以外的学生。

文科生与理科生的背景和特点有较大不同。这门课使我能够认识和了解他们。同时，这门课也为我打开了一扇面向文科的窗口，让我有机会向学生学习文科的知识。

化学与社会

Q：卞老师，文科生学"化学与社会"这门课能有什么收获？文科生为什么特别需要学化学？

A：化学是基础学科，每个人都应该学习一些化学知识，何况是接受过良好高等教育的大学生。

化学在社会中应用广泛。化学有个别名叫"中心科学"，是衔接理科上游和下游的节点，上游是数理化，下游包括生命、环境、能源、地质等。要想从分子水平理解生命的意义，你首先需要学习化学。化学既是基础学科，又是应用学科。这可以解释为什么社会对化学化工人才需求比较多。在科学界以外，学过化学或化工的人仍然非常多。尽管你学的是文科，但将来你就业进入社会的时候，很有可能会遇到化学，因为化学化工相关企业特别多，如日化、石化、能源、环境、材料等。大化学领域则更为广阔，如医药、法医、农学、矿业等都是与化学有关的领域。

同时，自然科学后面有一套科学方法，科学工作者的一些观念和方法对文科学生会有启发。尽管你没有系统地学过自然科学，但是如果能掌握方法，就已经掌握了科学中比较核心的内容。对理科生其实不需要专门教思维，他每天接受训练、做实验，一些科学观念在实践中可以逐渐养成。

Q：接下来我们想比较宏观地讨论中国化学进展的问题。您怎么看中国化学在世界化学中的成就和地位？

A：中国化学的地位大概要分两段讲。古代中国化学或者说化学的前身——金丹术那个时代，中国化学应该是全球领先的，至少不差。世界上第一个有文字记载的化学反应是中国人写的，出自葛洪的《抱朴子》。最近很火的《肘后备急方》也是葛洪写的。

之后中国有一段落后期，而国内真正的现代化学学科是从北大开始的，国内第一个化学系就是北大成立的格致科化学系。虽然如此，但相对西方至少落后了二百年以上。所以说的确有差距。

但我觉得中国化学发展的总体态势非常不错，取得了很多令人欣喜的成果。在国外著名的化学院系里面有很多中国学者。目前这些人还比较年轻，需要时间来成长。我是很看好中国化学事业的发展的。

Q：您的课程大纲中有一章的标题是"医药化学：永生之道"。如果化学真能让人永生的话，您怎么看待那个时候的人类社会？

A：采用这个标题，实际上是为了反映化学的历史，而不是说化学要带你长生。

永生是化学里的永恒话题。化学的前身就是炼金炼丹，炼金是为了财富，炼丹是为了永生。实际上这不是化学的追求，而是人类的追求，科学不过是人类欲望的延伸。人自古以来就追求这两件事，一个是解决钱的问题，一个是解决健康的问题。我们在课上提到过，东方人喜欢炼丹，西方人喜欢炼金。点石成金的故事往往是西方人的故事，东方人更重视永生。在道家炼丹的过程中，发现了很多化学反应和化合物，比如东晋葛洪。

永生还不能实现，但是我知道有长寿基因已经被发现了。据说人的寿命是有"开关"的。这个"开关"由基因控制，如果打开不让它关了，让它一直开着，人就可以长寿。前一段时间有人提出，如果通过转基因把长寿基因植入生物体内，那么人类的寿命可以在现有基础上提高100到150岁。当然，这里面有很多问题，科学的很多进展需要时间去验证。

Q：有些时候我们会感到治病时西医不一定管用，反而中医更好使，您怎么看待化学在这方面的局限性？

A：现在很难分得清中医和西医。我去过中医院，中医院开的药也有西药。一看成分写的都是西药的名字，但是表面看可能是中医，中西医结合本来就是中医的一条主要道路。传统中医药里好坏兼有。里面的确有精华，像青蒿素就是传统医药的精华。但里面肯定也有糟粕，江湖骗子不少。

中医这里面道理不是很清楚，它在很大程度上是哲学。一般说来，太偏向哲学或非实证方向往往不太容易被现代科学接受，因为现代科学强调实证，要以证据为基础。这不是偏见，这是科学方法论。

所以中医药是一个需要发掘的宝库，能发掘出来就是全人类的福祉。但在发掘之前不能说都是对的，那样说话不科学。

博雅 GE 微访谈
在心理学中探秘人的认知与行为 ^①

方　方

通识几问

Q：首先想请问您对于通识课的认识是什么？

A：我觉得通识教育的核心目的在于提高对自我、自然、社会及三者之间关系的理解，培养科学素养和人文精神，提升批判性思考，开拓创新和交流合作的能力。

Q："普通心理学"在2018年秋季学期被纳入了通识核心课程，想问问您对于通识课体系里面加设心理学课程有什么看法？

A：以前这门课程是给心理学院本科生和选修心理学双学位的同学开设的必修课，每年秋季开设，每次有超过200位同学选课。今年这门课变成了通识核心课。与这门课类似的课程是一门大类通选课"心理学概论"，每个班是300个人，每年开四个班，一共1200个人。所以普通心理学的相关课程每年有超过1400个学生选。这和北美的大学类似。在北美，心理学是授予博士学位最多的学科，授予学士学位人数位居第二，是大学里选学课程人数最多的学科。

"普通心理学"这门通识课是了解人的心理和行为，以及了解社会和自然对其影响的一门很重要的课程。因为无论你以后想做什么事情，你首先要了解人是什么。看清楚自己，看清楚他人，对自己的事业和生活很重要。普通心理学帮你解释自然对人的影响，其实就是，人作为一

---

① 课程名称：普通心理学；受访者所在院系：心理与认知科学学院；访谈时间：2018年10月2日。

个主体，如何把物理世界映射成一个心理世界。心理学中有一个重要研究领域叫社会心理学，它研究社会中的人，看他人怎么影响你，你和他人怎么互动。所以心理学充分反映了人、自然、社会三者之间的关系。

Q：您是根据什么教育理念来设计这门课程的？是怎么平衡教授心理学专业知识和面对非专业学生之间的关系的？

A：心理学院选用了《心理学与生活》这本书作为课堂讲授的教材，这是一本在全世界广泛使用的经典教材，涵盖了心理学的主要领域，具有科学性和严谨性。针对想进一步了解心理学知识的同学，我和心理学院的三位老师还开设了普通心理学讨论班的小班教学课，使用的教材是《改变心理学的 40 项研究》以及最新的科研文献，通过小班教学，让学生从科研和发展的角度理解心理学。

由于"普通心理学"是入门级课程，所以无论是专业还是非专业的学生，只要投入，都可以学得很好。

Q：那您授课以来的直观感受是什么？

A：心理学是一门似乎很神秘却又与我们的生活息息相关的学科，这也就是心理学的魅力所在。由于心理学教育在大学才开展，我们的学生在此之前对科学心理学了解甚少。他们在课堂上表现出浓厚的兴趣，经常会结合自身的感受提出许多有趣的问题。

Q：我们周围可能有非常多的非专业的同学会对心理学很感兴趣，您有可以推荐给非心理系同学阅读的心理科普类的书吗？

A：以下是挺有代表性的两本书。

1. Gazzaniga, Ivry 和 Mangun 撰写的《认知神经科学》（周晓林、高定国等翻译）。

《认知神经科学》就是讲我们的脑是怎么运作，来实现知觉、注意、学习、记忆、决策、语言、情绪等心理和认知过程。

2. 戴维·迈尔斯（David Myers）撰写的《社会心理学》（张智勇、侯玉波、乐国安等翻译）。

社会心理学是一门研究人们如何看待他人，如何互相影响，以及如何与他人互相关联的科学。具体领域包括社会思维、社会信念判断、态度和行为、群体影响、从众与说服、偏见、攻击行为、亲社会行为等，不管是文科还是理科的同学都会觉得非常有用和有趣。

结缘心理学

Q：您从事心理学研究的初衷是什么？能不能给我们讲讲您在心理学方面学习和教学的经历？

A：我在读大三的时候对人脑的信息加工特别感兴趣，在沈政教授的认知神经科学实验室接受本科科研训练。为了弥补信息处理方面的知识的不足，在智能科学系攻读了信号与信息处理方向的硕士。然后，去明尼苏达大学攻读视觉认知和脑成像方向的博士。

Q：那么您本科的时候选择心理学作为专业是出于什么样的考量呢？

A：进入北大之后才开始系统地了解心理学。心理学是一个有趣的、有很多重要科学问题的学科。心理学的最终目的是控制人的心理和行为，这说明心理学也是一个很难研究、很难取得突破的学科。

Q：您在国外读博的时候有没有觉得国外的心理学教学和国内的有比较大的差异？或者说您有什么印象比较深刻的事情？

A：心理学在美国很流行，是美国本科生选修人数第二多的专业，仅次于经济学。

Q：您现在的研究方向主要是利用脑成像技术、心理物理学和计算模型研究视知觉、意识、注意和它们的神经机制，您为什么会选择心理学方向呢？

A：首先这是有趣的科学问题，我研究的是人脑中的视觉系统是如何从双眼视网膜上的二维图像构建出对三维世界的表征，并识别出其中的物体。这个过程并不是物理刺激到心理事件的一一映射，它受到注意和意识的调节，非常精巧和奇妙地反映了人类丰富的心理世界。同时，这些研究为机器智能感知系统提供了重要的脑科学的理论支撑和算法约束。

Q：学习心理学，从事心理学教学，给您最大的感触是什么？您认为心理学最大的魅力在哪里？

A：我最大的感触就是，通过学习心理学，能更好地理解"人何以为人"。心理学的相关问题，跟我们每个人都切身相关，分分秒秒，都伴随着我们。

关于心理学的最大魅力，这和心理学的学科特色有关。我们试图去理解行为的内在规律，试图去揭示心理活动的脑神经基础，试图去探索自我意识是如何产生的，这些艰深有趣的心理学问题的答案看似触手可及，但又如此遥不可及。这个矛盾体吸引着一代代自然科学家和社会科学家走进心理学，走进人们心中的汪洋大海，探索人们神奇而又美丽的内心世界。

还有就是，心理学中的一些重要科学发现对社会的影响非常深远。比如说，智力和性格是先天的还是后天的？人为什么会无条件服从邪恶的命令？面对弱者或伤者时为什么不施以援手？2011年在广东发生了小悦悦事件，小悦悦被车碾压好多次却没有人去救助，类似事件在美国也发生过。1964年，纽约发生了一个案件，一位女性在午夜回家的路上，被人刺了好多刀。她一直在高喊求救，虽然当时有38人看到了这个场景，却没有一个人伸出援手。心理学家从那个时候就开始研究这个问题，基于一系列实验，提出了一个叫"责任分散"的理论。该理论认为，当一群人面对一个急需帮助的人，这个群体的人越多，责任越分散，实施帮助的行为就越迟缓。

心理学：研究、科普与应用

Q：您对于一些电影、电视剧或者小说中所涉及的心理学问题有什么看法？很多电影和小说中都会有用心理学操纵人的行为的情节，这其中是否有过度夸大的嫌疑呢？在这里想请问您，在现实中有没有用心理学完全操纵人的行为的可能性？

A：用心理学来操控人当然是可能的。比如说，用认知神经科学的方法，用电刺激或磁刺激兴奋或抑制大脑神经元的活动。一个例子是让被试者闭上眼睛，用穿颅磁刺激仪（TMS）刺激他的大脑的正后方，也就是初级视皮层，他会觉得能看见很多亮点。然后你把穿颅磁刺激仪向前移动，刺激大脑的颞中回，他就会觉得这些亮点在动。电磁刺激不仅能改变你的感知觉，还能改变你的决策、同情心、注意力，甚至治疗抑郁症。

　　除了认知神经科学的方法，我们还可以用社会心理学的方法控制别人的行为。比如《心理学与生活》这本书例举了访谈者利用问话方式改变被访谈者对首相候选人的态度的例子。英国大选之前，访谈者问被访谈者："你能列举出布莱尔的四个缺点吗？"如果被访谈者对布莱尔没有太多了解，最后只能想出两三个缺点，提出这个问题就会导致被访谈者对布莱尔产生好感。因为他会想，哦，这么一个人，挺好的，我想了半天都想不出来他的四个缺点，只能想出来两三个。被访谈者在投票的时候就很有可能支持布莱尔。但是如果反过来问："你能列出布莱尔的四个优点吗？"被访谈者想了半天也想不出来布莱尔的四个优点，他就会觉得布莱尔并不优秀，那么就很有可能不投布莱尔的票。

　　Q：您对我们国家目前在心理学方面的大众科普水平满意吗？有什么原因导致了这样的现状？

　　A：不满意。主要是由于历史的原因，心理学的科研和教学队伍的体量太小。而且，在中国，心理学和其他学科一样，由于很多原因，许多科研工作者并不重视也不愿意做科普工作。

　　Q：大家了解到方老师曾经作为嘉宾参加过"最强大脑"的节目录制，能简单谈谈您参与节目的感想吗？请问您认为这种科学型竞技真人秀节目在科普意义上有多大的作用呢？

　　A：我在该节目播出几期后接受了一次访谈，谈了自己对节目的看法。还有，在一次年度总决赛之后，我作为颁奖嘉宾去给冠军颁奖。我的实验室联合魏坤琳老师的实验室，对一些脑力超强的人做了行为学和脑成像测试，相关测试情况也在"最强大脑"上播出了。

　　我觉得"最强大脑"在科学普及上还是有积极意义的。该节目向大家宣传了脑科学、心理学和认知科学的一些基本知识，回答了大众关心的问题。比如：参加"最强大脑"比赛的选手的某些认知能力很强，那么这种强认知能力是先天的还是通过训练获得的？是通过长时间训练获得的还是短期训练即可？结合心理学知识和必要的测试，我们可以给出答案。

　　Q：关于心理学这门学科在社会上的实际运用和未来发展，您有什么期待？可不可以就您的研究方向详细谈谈这些技术在现在和未来在哪方面会有所应用呢？

A：我的研究方向（视知觉、注意和意识的认知和神经机制）及其理论意义在上面的访谈中已介绍，可能的应用方向包括智能视觉系统和视觉认知增强。我和北大信科（信息管理学院）的老师联合做过无人驾驶自动车的场景检测项目。在行驶过程中，无人驾驶自动车会接收大量的动态信息；如何在这些信息中选择具有高优先度的信息加工，这是认知心理学的一个重要领域——"注意"所关注的问题，如何把心理学的知识和实验发现转变成计算机算法，是我所关注的问题。

如何增强视知觉及相关的注意力是我的另一个兴趣和应用方向。在机场安检过程中，旅客把行李放进安检设备后，安检人员要一直盯着一个彩色的屏幕，看有没有危险品藏在行李中。安检员需要长时间地坐在那里从复杂的图像中检测目标，这是一个辛苦而且责任重大的工作，很容易出现视觉疲劳和注意倦怠。如何让安检员长时间地保持甚至增强视觉和注意力？我们可以通过开发心理物理学训练方法和电磁刺激大脑来实现。

附：方老师提供的纸质版回答摘录

心理学是什么

心理学是研究人类行为及精神过程的科学，其目标是在适宜的水平上客观地描述行为，解释行为产生的原因，预测将会发生的行为，最后控制行为以提高生活质量。正如"心理是人脑对客观现实的能动反映"这一命题所描述的那样，心理学体现了自然科学和社会科学的交叉整合，它从分子、细胞、脑区、脑网络、个体和群体等多个层面探索正常和异常心理行为的规律和机理。

普通心理学的课程设置及其对学生素质培养的作用

普通心理学是心理学的入门课程，其课程内容涵盖了心理学的各个主要领域，包括感觉与知觉、意识、学习与记忆、语言、问题解决与决策、智力与心理测量、人的毕生发展、情绪与健康心理学、人格与动机、心理障碍与治疗及社会心理学。课程首先介绍什么是心理学、心理学的研究方法以及行为的生物学基础，并从生物、进化、认知和社会文化等视角对各子领域的基本概念、研究方法及重要的理论和发现进行介绍。

通过普通心理学的学习，学生将提升对人类自身的了解，以及自然和社会如何影响人类个体的精神和行为，这一点非常契合通识教育的理念。值得一提的是，在美国大学中，普通心理学是选修人数最多的课程之一。

心理学的四个重点方向

北京大学心理与认知科学学院的学科方向设置根据国际学术发展趋势以及国家社会发展需求，逐渐形成了自己的特色，涵盖了以下四个重点方向。

认知神经科学：主要研究知觉、注意、记忆、语言、思维、意识、社会认知等大脑高级功能的认知神经机制。认知神经科学正受到越来越多的关注，成为当前最热门的交叉研究领域之一，应用领域非常广泛，包括人工智能、虚拟现实、人机交互、用户体验等。

工业与经济心理学：主要研究组织管理心理学、人力资源管理、领导力开发、职业健康与职业生涯管理、应用社会心理学、行为金融学等。毕业生广受用人单位好评，就业岗位涵盖企业管理咨询、市场分析与用户研究、人力资源管理等。

发展与教育心理学：主要研究人类认知、语言和社会性的发生、发展与老化问题，包括儿童与老年人的认知发展，儿童语言发展，儿童与老年人社会性发展和特殊儿童的发展与干预。

临床心理学：研究方向包括中国人人格特征、社交焦虑、应激和压力管理、人格障碍、自闭症等，在推广和应用网络认知行为疗法、建设心理健康信息化管理平台、自闭症患儿的早期诊断和干预等方面做出了出色成绩。

博雅 GE 微访谈
行走在科学与人文之间的心理学 ①

吴艳红

实验心理学的教与学

Q："实验心理学"是心理学系长期开设的一门必修课，老师可否先介绍一下这门课开设的基本情况？

A："实验心理学"是心理与认知科学学院的主干基础课，由理论课和实验课两部分组成。心理学是一门实验性的科学，"实验心理学"课程主要讲授心理学的实验研究方法，即如何用实验法来研究心理现象的发生、发展过程，因此从北京大学心理学系建系起，"实验心理学"始终是心理学科的一门核心和主干基础课程。2004 年，"实验心理学"被评为国家级精品课程，2013 年被评为国家精品资源课程。就学分来说，这门课是心理学院目前学分最高的课程，"实验心理学"理论课程 4 个学分，"实验心理学实验" 3 个学分，共计 7 个学分。除了心理学院本专业的同学必修这门课之外，每年还有将近 120 名心理学双学位的同学以及其他院系的同学来选修这门课程。从院系的分布来说，基本上全校所有的院系都有学生选修心理学双学位。

Q：老师刚才说双学位的同学需要选修理论课程部分，那么实验课程是不用选修吗？

A：新的教学计划开始执行后，从 2017 年起入学的双学位同学也要选修实验课。学校目前要求一学位和二学位的课程同质，也就是说，

---

① 课程名称：实验心理学；受访者所在院系：心理与认知科学学院；访谈时间：2017 年 10 月 19 日。

所有课程都一起上，要求也一样。从 2017 年开始，我们将开设 2 ～ 3 个《实验心理学》教学平行班，所有选修这门课程的学生，不论是心理学院的学生，还是心理学双学位的学生，以及跨院系选课的学生，我们的教学和考核都是同质的。上学期我们开设了一个"实验心理学"双学位的小班课程，尝试把理论和实验结合起来，效果非常好。

Q：老师提到选修这门课的有各个院系的同学，包括部分文科生，他们在撰写实验报告时会遇到一些困难吗？

A：很多课程都会有一些先修课程的要求，"实验心理学"的先修课程是"普通心理学"和"心理与行为科学统计"。按照课程要求，心理学双学位中的文科生也要写实验报告。他们遇到的最大问题是一定要先修完我前面提到的那两门课程，否则他们写实验报告会遇到数据处理方法上的困难，除此之外应该没有太大的问题。

对话通识教育

Q："实验心理学"这门课从 2017 年起被北大教务部设定为通识核心课程之一，请问老师是如何理解通识教育的？这门课程在被设定为通识核心课之后，老师会不会在课程设计上做出一些调整？

A：把"实验心理学"这门课程申报为通识核心课程的想法是这样的：我们在"实验心理学"的教学过程中重视的是对学生逻辑和思维方式的训练，我们要教给大家的不是对知识点的机械记忆，而是解决心理学问题的研究方法、研究思路和研究能力，通过理论学习和实验训练来提升综合能力。申请了通识核心课程之后，我们提高了对学生的考核要求，比如我们发现学生普遍在写作能力上有待提高，但写作能力不仅是一个人词汇使用的习惯问题，也是其思维的体现，所以我们在原有的课程考核要求的基础上，增加了期中作业，即要求每位同学写一篇文献综述，作为本课程期中考核的一部分。如果学生有需要，我们教学团队可以参与到学生的写作过程中，帮助学生整理思路，锻炼学生的综合能力和语言表达能力。除此之外，我们教学团队还会加强对学生实验报告写作的指导，争取满足学生个体化的需求。此外，我们还会让学生结成小组，设计实验，收集数据，并在期末做成果的口头展示，届时教学团队的所有成员和学生将为各个小组的展示打分，而这个分数将成为实验课成绩的一部分。

心理学与我们共同生活的世界

Q：下面的一些问题涉及老师的心理学研究。我之前看到老师的介绍里提到老师对于"自我"问题，尤其是对"少数民族文化背景下自我的特点"这一问题有比较浓厚的研究兴趣。"自我"其实也是很多同学感兴趣的问题，那么老师可否谈谈自己的主要问题意识的来源？

A：在人类的日常生活中，每个人都会思考自己是谁、自己是怎样的人，这问题看似简单却很难轻易地给出答案。人类是如何认识和反思自我的，这是哲学和心理学研究者长期以来关注的主要问题之一，作为社会性动物的个体，"自我"从来都不是一个孤立或绝对的存在，每个"自我"都是相对于自己以外的客体或者他人而言的——个体与其所处环境背景中客体或他人之间的关系塑造了一个人的"自我"，进而影响到个体对自我相关信息的加工。至于为什么做少数民族的自我研究，一是因为我自己属于蒙古族，二是我认为人与人之间的沟通，除了要了解自己之外，也要了解他人。我们的研究表明，我国不同民族亚文化会对自我产生影响，从而表现出不同的自我构念特征。我们目前主要做维吾尔族人和藏族人的自我研究，通过一系列研究，我们首次验证了在强调群体属性的文化背景下，个体具有集体自我构念。我们还发现，藏族人更倾向于从第三人称的视角来看待自己。从理论角度，我们希望这些少数民族的自我研究能够进一步丰富和完善自我认知的理论；从应用角度，我们希望能为国家的民族团结、民族和谐做出一些贡献。

Q：之前我还看到老师的研究中有一项是"中国人自我结构与差序性道德认知特点及脑机制研究"，这个应该和您刚才提到的少数民族自我的研究有相同的问题意识倾向吧？

A：我们基于中国的传统文化的现实来考察和诠释中国人社会认知的特征。我们创新性地以儒家文化下的"差序格局"理论为核心，以差序格局中所强调的"己"（差序性结构所约束的自我）作为中国人知觉对象社会性的核心，用中国人本土的文化理论来解释和反思中国人社会认知的特点，希望建立更契合中国传统文化的中国人社会认知的本土化理论框架。

Q：我很好奇，老师可不可以介绍一下在心理学中这种研究具体是怎么开展的？

A：心理学的研究方法主要包括质性研究方法和量化研究方法，一般要根据研究的问题选择合适的研究方法。在心理学的发展过程中，形成了很多研究范式，类似于一套标准化的程序。

举个例子，我有个硕士生的毕业论文题目是："差序格局下的婆媳关系"，这个研究的主要目的是探索婆媳冲突的成因，考察交往性和观点采择与婆媳社会距离的关系，以"自己人"和"外人"边界的渗透性为突破口寻找婆媳关系和谐的途径。研究一通过质性分析探明婆媳冲突的成因；通过量化分析比较各种因素的重要程度，即采用序列混合方法分析，从婆媳双方视角探明引发婆媳冲突的原因。研究二和研究三通过问卷和行为实验方法，比较婆媳和母女社会距离的差异，探索交往性和观点采择对婆媳关系的影响。

Q：老师，您刚才提到心理学中很重要的是实验的方法，现在对心理学的一个批评就是说它有自然主义的倾向，也就是说把人的意识、情感等还原为物理过程进行研究，请问老师如何看待和回应这种批评？

A：心理学有不同的分支，有基础心理学研究、应用心理学研究等。心理学在发展过程当中逐渐形成了很多交叉学科。传统的认知心理学在20世纪60年代开始出现，然后成为主导的发展趋势，现在社会认知发展很快，将很多社会的影响因素加入认知过程的研究中，目的是给大家所说的自然主义的、好像冷冰冰的心理学研究带入更多温暖的色彩。这是心理学的一个发展趋势。

Q：刚才老师谈了很多关于自我问题的研究，现在北大学生压力都挺大，很容易焦虑，不知道怎么跟自己相处，老师可不可以在最后给北大学生一些如何和自己和睦相处的建议？

A：我认为最主要的方法是要了解自己，每个人的自我概念要清晰，有准确的自我定位。年轻人在成长过程中一般是跟大家比较着、竞争着成长的，在这个过程中多多少少都会遇到一些问题或困难。当遇到比较大的压力的时候，如果学生能找到产生差距的原因，我觉得可能就不会那么盲目了。尽量不要跟别人比。因为每一个个体的成长都具有他过去成长环境的痕迹，每一个人的成功都有他之前的努力和付出，以及促使成功的外在条件，所以不要跟别人去比，做好你自己就够了。你需要对自己有正确的评价，不要让别人来评价你。只有这样，你的内心才会慢慢强大起来，不至于受到外界环境的干扰，负面的情绪也会减少。积极向上当然都是大家的追求，正是因为有这种追求，所以大家才会有比较、有失落，才会对自己不满意。我认为，只有了解自己，才能扬长避短，知道自己能做什么，应该做什么，这其实就是一个人的成功。现在对成功的定义有些绝对化了，我认为，每一个学生都应该更多地结合自身的条件和兴趣，结合未来的想法，做切合自己实际的事情。我从来不会给学生排三六九等，只要学生做到他自己想做的事情，那他就是成功的。我在课堂上常跟同学们说，你为什么要去争那前 30% 的优秀率呢？正常应对，能够进前 30% 固然好，如果进不了那 30% 怎么办？那就要发扬在 30% 以外的优势，去发展你的职业，发展你的未来。

博雅 GE 微访谈
为 30% 的世界而奋斗 [①]

闻新宇

关于通识教育

Q：为何想要开设这门课？一开始对这门课的设想是怎样的？现在的想法有没有什么变化？

A：开这门课的初衷是想把和气候变化有关的知识介绍给全校本科生。气候变化问题本身是从地球科学领域发现并提出的，但现在它的延长线已涉及国际政治、环境生态、农业、经济和工程技术等诸多领域，气候变化问题早已突破了地球科学这单一学科所能解决的范畴，成为需要多学科、多部门甚至全球合作来应对和解决的、由全人类共同面对的世界性问题之一。现在，在地球科学内部，我们对气候变化的科学部分的讨论当然是很充分的，但应对气候变化作为一个国际合作问题却不能在科学界内部解决，它需要具有不同学科背景、来自不同国家的人共同参与。我们政府在相当长一段时间里对待这个问题是非常保守的，所以我希望通过开设这门课来推动中国的年轻一代，特别是从事国际政治、生态经济，包括文科生在内的拥有广泛的学科基础的年轻一代，去关注、了解这个问题。再过五年、十年，等年轻一代走上工作岗位以后，他们对气候变化问题会比上一代人拥有更清醒的认识，这可以帮助中国在这个问题上走上更加正确的轨道。

中国对全球气候变化负有第一位的责任。我们是全球第一大碳排

---

① 课程名称：气候变化；受访者所在院系：物理学院；访谈时间：2017 年 12 月 7 日。

放国，我们的碳排放总量已经高到难以想象的程度，相当于第二（美国）、第三（欧盟）、第四（日本）的总和。所以，如果中国在气候变化问题上不作为，或是表现出犹豫和迟疑的话，这个问题在全世界范围内是无法解决的。所以我们希望促进年轻一代了解气候变化问题，将来他们会是中国乃至全世界解决这个问题的中坚力量。这是我们开设这门课的初衷。

几年来，我的想法大体上没有变化。可喜的是，我们国家的大环境正在往好的方向发展。这门课最早开设是在 2011 年，那个时候中国的环境政策还是非常保守的，仍在强调 GDP，强调经济发展，不太注重减排问题。到了 2013 年，新一届领导班子让我们国家在处理这个问题上的态度发生了十分积极的转变，我们开始承认我们是全世界最大的碳排放国，我们对当前的气候变化负有最大的领导责任，我们不再回避这个问题。我们也提出了很多可量化的减排目标，例如，中国的碳排放要在 2030 年见顶等。总之，大环境确实发生了明显的变化，中国事实上很可能将成为领导全世界碳减排并阻止全球变暖的领导力量。

因为这一届政府态度的转变，中国在这个问题上变得很主动。中国内部环境的转变，也使得我们给年轻人讲气候变化问题的时候更加有底气。

总之，我们开这门课的初衷是为了让具有多学科背景的年轻一代了解气候变化问题，以期他们能领导未来中国的环境政策走上更主动、更有责任感的道路。这个初衷至今未变，且国内的大环境也向越来越配合我们工作的方向转变。

Q：在气候问题上，中美这两个大国扮演了什么样的角色？国内的大环境又有什么不同？

A：在气候问题上，美国经历了一个从相对进步到相对落后的变化，这是它最近十年来走过的一个历程。在奥巴马时代，美国在气候问题上还是相对进步的。奥巴马十分重视气候变化问题，也愿意领导美国进行清洁能源产业革命。但到了特朗普政府，美国在这个问题上明显走了下坡路，他非常保守，开始在一切领域强调 America first（美国优先）。因此，美国在今年（2017）退出了《巴黎协定》，不再承担减排义务。

我们国家反过来，是从保守到主动。在五年前，开设这门课是有一点点风险的，因为大环境不利于地球科学领域的科学家站出来呼吁减排，国家把这一领域的很多声音压得很低。那个时候我们的环境政策是非常保守的，我们觉得呼吁关注气候变化和减排某种程度上会遏制 GDP，遏制工业和经济的发展。

再往前追溯，美国在气候问题上则更加进步，中国则更加保守。比如克林顿政府不仅签订了《气候变化框架公约》，而且于 1997 年领导签署了《京都议定书》，这是一份发达国家定量减排的严格协议。而当时中国由于二氧化碳排量还不是世界第一，也更强调经济建设是一切工作的中心，因此中国常以"发展中国家经济优先发展"和"历史责任"等概念为理由而拒绝减排。

今日的世界确实到了一个很好的关口。中国的环境政策正在变得主动和负责任，而美国却迅速变得保守和封闭。我们的年轻一代可以有更宽松的环境讨论和研究气候变化问题，并在将来走上关键工作岗位后发挥更积极的作用，这是属于年轻一代的希望。

Q：通过您刚才的介绍以及您的课程大纲，感觉您对这门课的所传之"道"非常重视，也就是引起更多人对气候问题的重视。您觉得，作为一门通识课，这门课能够实现这一目标吗？

A：我不敢说实现了我的目标，主要是时间还太短，但是我看到了很多让我非常欣慰的结果。比如开课的第一年，有一个主修国际政治的大四女生（刘文卿同学）选了这门课。她和我说，她毕业后要去伦敦政治经济学院攻读环境政策类的 master（硕士），让我给她写推荐信。本来国际政治是非常宽泛的领域，她可以选经济政策、政治政策等，但她选择了环境政策方向。她告诉我，这是因为受了这门课的影响。我想到她将来可能会在国际组织里担当一些角色，如果她有很好的气候变化领域的背景知识的话，她很可能会为协调世界各国力量推动气候变化问题的解决做出巨大的贡献，所以我当时为她写推荐信，心里是特别高兴的。我第一次上课，就点亮了一个同学决心进入这个领域深造，将来去服务世界的愿望，我每每想起来都激动不已。之后不断有学生跟我说，将来要从事相关的工作。每一个类似的选择都让我特别欣慰。

每年这门课都会有一次期中作业。之前的几届是做一个有关 Earth Hour（地球一小时）的记录视频。Earth Hour 是一个宣传关注气候变化问题的国际性活动。学生交来的拍摄作业，我看的时候总是十分感动，甚至有落泪的时候。作业当中展现出来的那种只有年轻人才有的热情，让我觉得年轻人真伟大，让我觉得下一代人真的比我们更有作为。

我只能说，我本人希望这门课达到预期的目标，但需要十年、二十年后才能看到结果。我本人希望有更多的文科生来学这门课，但是很可惜，因为我们的课程是公选课，没有任何学分压力，完全是兴趣导向的课程，所以选课人数比较少。不过总体而言，选课学生的反响普遍很好，在课程评估中都给我们留下了很高的评价，还有个别同学在这门课的影响下走上了应对气候变化问题的道路。这些都让我颇感欣慰。

Q：这门课是一门通识核心课，那么您对通识教育的理解是什么？

A：传统教育强调专精深。到了 21 世纪，李岚清副总理提倡素质教育，让学文的学一点理科、学理的学一点文科，打破学科的条块分割，当时我们北大设立了通选课（文科生要求修理科学分，理科生要求修文科学分）。现在我们又提倡通识教育，新建了一批通识核心课程。但是我总在想，对于通识教育，我们在理解上是否一直有一个误区呢？通识教育不应该仅限于让文科生学点理科，理科生学点文科，这样的理解有些简单了。我认为，通识课应该让学生瞄准全人类面对的共同问题，综合各个学科背景的学生，去认识，去理解，甚至去探讨如何解决这些问题。这样，当这些大学生走上工作岗位，他们可以用自己的专业背景来为人类的共同问题做贡献，提供解决方案。我觉得，这是通识课的一个核心要义。

在我的理解中，我们的世界可能有 70% 是已经被组织好的，比如有很多现成的工业、产业、单位，有很多既成的体系，比如交通、能源、设备制造、教育体系等等。北大培养的学生，不应该仅仅立志于通过良好的专业训练以期在这 70% 组织好的世界中拿到最好的 offer、最高的薪水、过上最体面富足的生活，而应该立志于改造这个世界，让世界的总体变得更好，让更多的人有幸福的生活。而这个世界上还有 30% 是混沌的，是有错误的、有缺陷的、千疮百孔的，且暂时没人来解决的。这里面包含很多全人类共同面对的问题，比如性别歧视，疫苗普及，教育机会不均等，霸凌，血汗工厂，同性恋婚姻，安乐死，贫穷的代际传递，核裁军，石油争端，种族歧视和种族隔离，移民和难民，食物和营养不足，机器人，艾滋病，克隆技术和器官培植，空气污染……这样的问题我估计能有上百个，气候变化问题只是其中之一。我觉得，北大的学生应该关注这 30% 的问题，它们是我们这个不完美的世界的阴影之地，它们需要最优秀的人去帮助解决，它们是北大这样的学校所培养的青年一代应有的底色。

我想，北大可以拿出至少 100 门课，探讨人类面临的这些具有普遍意义的问题，然后让不同学科背景的学生来选，让大家一起了解、认识这些问题。这些学生虽然在不同的科系，但是等到毕业的时候，他们的人生目标不是到 70% 的安稳世界中变卖自己的本领去换取一份高昂的薪水，而是去努力解决这 30% 的问题，并且在这个过程中实现他们的人生价值。我相信，这个世界并不会亏待这样有使命感的人，虽然不会让他们变成富翁，但至少会让他们获得一份稳定的收入和自我的尊严。这才是北大学生的使命，这才是北大通识课的使命。

总而言之，我觉得通识课应该紧紧抓住人类面对的问题，让不同科系的学生一起来讨论、了解、认识这个不完美的世界，他们将来的工作可能就会是瞄准这 30% 的世界的缺陷，人类的问题，让他们来贡献智慧。而不是简单地说，让一个学自然科学的同学选一门古典音乐的课，没事放松听听歌；或一个学人文学科的同学选一门有公式的课，没事算算数练练脑子。我觉得，这不是通识课，这只是素质课，这只是对自我的一种完善，但人的自我完善并不是终极目标，终极目标仍然要回答人自我完善之后是为了什么。通识课对此要做出回答。

Q：在您看来，中国的科普水平如何？有什么问题或者改进的空间？

A：以前我们不太重视科普，因为我们的评价体系和舆论导向对科学家都没有科普的要求。我们对科学家设立的考察标准，就是申请了多少项目，拿了多少经费，出版了多少书，写了多少论文，等等。我们不在乎你做过什么科普报告，开过什么科普课程。反观美国，在这方面是有很多先进经验的。比如说，他们要做一个大型的科研项目，他们会配传记作家、电影导演，在这个大项目执行的几年里，科普就跟着做。项目结题之后，传记作家的书或者纪录片等影视作品就紧跟着出版或上映。所以说，他们的科普是直接跟科研前沿接轨的。我们国家呼吁科普的声音发得很大，但雷声大雨点小。我国是唯一一个有《科普法》的国家，但其实你科普做得不好也不会受什么处罚。我就是气象学会科普委员会的委员，有四年任期，但是我们就第一年开始的时候开了一次会，每人发一张聘书，之后没有再开过任何一次会。显然，这是形式大于内容。

不过这些年，国家推动科普，还是发生了一些积极的变化。比如，国家大力推动科教单位设立公众开放日。像北大、气象局，还有其他单位，每年专门设立一天开放日，让公众免费参观。这项工作遵照行政命令在执行着，算是产生了一定成效。不过，我国科普的总体情况不容乐观。推动科普是一个长线工程，是一个良心工程，需要相关体制的建设，还需要科学家的重视和公众的积极配合。

Q：老师您能否推荐一些对自我进行科普教育的途径?

A：我比较愿意推荐的一个渠道是看纪录片。在这门课的课程大纲里，我给同学们列了二十几部科学纪录片，大家可以去教学网上自由下载观看。国内没有获取纪录片的好的渠道，不像美国有 Discovery Channel（探索频道），有 *National Geography*（《国家地理》杂志），即使 PBS(美国公共广播公司)也有很多纪录片。我是一个纪录片爱好者，平时会浏览纪录片网站，收集好的纪录片，这个习惯让我保持了对于科学的热情。我想，如果想在孩子小的时候培养他的科学兴趣，又没有机会直接去场馆或参加座谈的话，那么看纪录片是一个很好的替代方法。

我们国家的电视台也会放一些纪录片，也有一些貌似科普的节目，但总体质量堪忧。一来绝大部分科普节目其实是人文社会科学的节目，讲讲《诗经》，讲讲三国，讲讲舌尖上的美食。二来即使是真正的科普，往往体现低龄化特点，缺少面向成人世界的有诚意的科普，比如总把科普节目搞成揭秘的形式，破案的形式，或小实验的形式。这些都不是最有利于科学传播的形式。何况，各大电视台从来不会把黄金时段留给科普节目，而是留给养生节目。

在这种情况下，自己寻找 Discovery Channel、NG、PBS、BBC、NHK 等的高品质纪录片，就是最便捷、成本最低的自我教育之路。

对气候变暖之科学基础的讨论

Q：您向学生介绍论证气候变暖的整体思路是什么？

A：这门课是以时间线索展开的，总体的思路就是从过去讲到未来。第一章讲的是当前围绕气候变化进行的争论，这样编排是为了展现矛盾，将当前正方、反方的争论展示出来；第二、三章讲的是过去的自然变化，包括自然的气候变化，也包括人为导致的气候变化；第四、五章讲的是，在未来我们该如何减缓全球变暖、减少这一过程对于人类的影响。这就是这门课大体的思路。

Q：您觉得"气候变暖，由人类引起，且对人类未来不利"的思路和反方阵营"反对气候变暖的说法；承认变暖，但不承认由人类引起；承认人类引起变暖，但认为对人类有利"的核心冲突是什么？这类核心冲突是否在根本上导致了双方无法说服对方？

A：简单地说，全球变暖这件事有四个层面。

第一个是事实层面。是否承认全球变暖这个事实？在这个层面上，正方没有问题，反方也基本没有问题。

第二个是成因层面。气候变暖的成因是什么？正方认为罪魁祸首是二氧化碳增加（温室效应的增强），反方认为不确定，可能是太阳或者其他因素。

第三个是归因层面。增加的二氧化碳是从哪儿来的？正方认为来自人类活动，特别是基于化石能源结构的工业生产。反方则认为，二氧化碳可能是成因，但不一定来自人类活动，可以来自海洋活动等自然过程。

最后是后果层面。全球变暖对地球和人类会有什么影响？正方没有明确地给出答案，但大多数人认为是弊大于利，特别是对于人类自己；反方认为不确定。我个人也倾向于认为不确定，全球变暖的后果不应仅仅站在人本主义的立场来考量。

总体而言，争论的状况就是这样。

Q：您认为双方可能说服对方吗？

A：不大可能。人信什么不信什么，说穿了很大程度上都是先入为主。如果迈出的第一步是错的话，以后每一步都要维护第一步，否则自己也会看不起自己。而且科学家群体会更看重自己的声誉，更不容易改变已经形成的看法。所以我更愿意说，现在的这批人反对就反对吧，咱们的当务之急是教育年轻人，告诉他们事实究竟是什么样子，别让年轻人上来就先听到那些反对全球变暖提法的人的叫嚣，让他们形成一种偏见，认为搞地球科学那帮人都在撒谎，在骗国家钱花，整个气候变化领域的工作就是一场骗局。我希望年轻人别先入为主地听到那些错误的言语，导致他们第一步就走错。

这场争论不是现在才开始的，从 20 世纪八九十年代到现在，已经争论了很久，不承认全球变暖的还是有一帮人，但数量已经很少了。我们做地球科学的，特别是做大气科学领域的，基本上没有人敢公开站出来说我不承认全球变暖，因为这从科学上是讲不通的。我可以明确告诉你，全球变暖不是科学骗局，这是一个事实，尽管我们对于其中的个别问题的解释可能有瑕疵，但总体上是没有问题的，将来一些细小问题的进一步解决也不会改变现有结论。何况，凡事不能因为没有百分之百地"彻底解决"就将其等同于"骗局"。反方总是争辩说咱们的理论有瑕疵，我们也承认有瑕疵，但这些瑕疵能否解决，都不影响这个事情的结论。全球变暖这个结论是没有问题的。在这个问题上，我不指望能说服那些已经形成自己观点的科学家，特别是气候领域外的科学家。所以我向本科生开了这门课，我觉得引导年轻人接受正确的科学观点比更正那些固执己见的老年人更有意义。

Q：这一轮的全球变暖，证据很充分，但如何能证明这一轮的全球气候变暖是人类活动导致的呢？

A：这个问题比较专业。证明这一轮的全球变暖是不是人类导致的，需要用到一个关键的方法，叫作指纹法。我们可以利用实验室的计算机，模拟地球在过去的一段时间，比如说过去 100 年间的温度变化。模拟的方法是，我们先把这 100 年内能够影响地球温度的主要因子都"喂"进去，包括二氧化碳浓度，包括太阳活动，包括火山喷发的气溶胶，等等。我们发现在把所有可能的因子全都喂进去以后，模拟的温度上涨跟我们的观测高度一致，蓝线跟红线，也就是模拟线跟观测线高度重合。

然后，我们把这些因子依次剔除掉，每次只剔除掉一个，剔掉一个后再重新做一遍实验。我们发现，在剔除掉代表二氧化碳的那个因子以后，模拟线一下子掉下来了，而剔除掉其他因子对结果的影响都不大。这也就表明，在剔除掉二氧化碳这个关键因子以后，我们不再能成功地模拟过去100年的温度变化。因此我们的结论就是，二氧化碳的增加，对过去100年的温度，特别是最近的温度的快速上升，可以说负有99%的责任。这就是指纹法的原理。当然，如果你不信这种方法，我也没法说服你，因为我没有办法把地球的时间轴拨到100年前，让它重新来一遍。地球的气候变迁是没法重演的，所以我们退而求其次，用数值试验来还原这个过程。

国内有很多搞自然地理学的学者，他们整体而言更容易倾向于不承认人类活动导致全球变暖，也就是持你所说的这个观点。研究自然变化的人容易认为地球的冷暖是自然过程，跟人没关系，或者说人对气候变化的作用非常渺小。但这个判断本身是特别武断的。的确，地球有冷有暖，但这不等于说现在的暖就一定是自然过程导致的。人对近百年来的气候变化负有很大责任，这是可以经科学过程论证的。

Q：《后天》所反映的全球变暖导致的后果是整个北半球变冷，这个是否有科学基础？

A：有科学基础。这是AMOC（北大西洋经向翻转环流）减弱导致的。AMOC是北大西洋地区的热盐环流，AMOC机制是物理海洋学里面非常可靠的一个机制。这个机制说的是，如果地球变得非常暖，格陵兰岛和北极的冰盖就会融化，冰盖融化形成的淡水会漂到北大西洋的表面。海水的上层较多淡水，而下面是盐水，上轻下重，海水在垂直方向上就会变得十分稳定，这会导致整个南北向的海洋环流减弱甚至是停止。而海洋的南北向环流承担着输送热量的作用，一旦它减弱或停止，海洋所承担的这部分热量输送就会减弱或停止。这样的话，就会诱发一个从高纬度逐渐向中纬度扩展的寒冷天气。

《后天》就是基于这样一个科学认知而编写的灾难片，只不过把故事的时间尺度大大缩短了。在《后天》里，北大西洋热盐环流几天之内就崩溃了，北半球从北极一直冷到纽约去，导致主人公缩在图书馆里奋力求生。但真实的情况是，AMOC的崩溃导致的北半球变冷，整个过程可能需要几十年，甚至上百年时间，至少不是几天的量级。

Q：您觉得在对气候问题的讨论上，每个学科的关系是什么？

A：气候问题最初发端于大气科学，但现在是由一堆学科的"学科群"构成的一个大学科，英文就是 big science。位于中心的是地球科学，围绕在地球科学周围的有农业经济、环境生态、国际政治、地球工程这些领域。这些学科应该密切联系起来。我也希望这些学科的学生都能选这门课。但现实是，这些学科目前仍各自为政，交流还不够充分。

说到跨学科交流的方式，最直接、成本最低的方式自然是开会。能否把搞生态学的、搞地球科学的和搞国际政治的人召集在一起，每年开一次联合性的学术会议？现在的情况是，搞生态的和搞地球科学的要参加自己学科的会，两边很难碰到一起去。更深入的交流方式，是联合起来申请项目，这在中国是更遥远的事，因为我们的自然科学基金是分"口"的，要么投地球科学，要么投生物学，诸如此类，自然科学基金会没有为交叉学科设立足够灵活的机制。总之，我们跨学科交流所面临的问题，归根结底还是因为有很多体制性障碍，需要不断改进。

气候问题的研究之于老师

Q：《全球变暖的科学》这本书的前言中提到，您从 2009—2010 年从博士后工作站出站后，一直保持对"全球变暖"相关领域知识的普及和公众教育的热情。您为何对气候领域如此感兴趣？

A：感不感兴趣是第二位的，对我而言，这首先是一个工作，工作要论是否敬业。我本科是学大气的，那时我对这个问题还没有产生非常浓厚的兴趣。我读研究生时的导师对我影响非常深远，是他一直在引导我，培养我的兴趣。他曾经说："如果我引导好一个学生并且保护好他对本学科的兴趣，就是我的成功；如果我没有激发并且保护好他对本学科的兴趣，即使发了再多的 paper，那也是失败。"这句话曾经深深地感动了我。导师对我的培养，让我对这个问题慢慢产生了兴趣。所以我的兴趣不是与生俱来的，而是后天慢慢培养出来的。

Q：那么，现在从事这样一份科学的事业对您而言意味着什么？

A：每一个学科在其发展过程中，90% 的时间都是在学科内部自我发展，但极少数时间，也许不到 10%，会从这个学科内部跳出来，去影响公众。比如计算机科学，从 20 世纪 50 年代就有这个学科了，但是一直在内部发展，直到 80 年代，个人电脑出现了，计算机科学的影响力才抵达了公众，到现在大家都知道计算机这个学科。再比如生物学。生物学在自己内部发展了 100 多年，一直到克隆羊、干细胞、基因工程这些能影响到人类总体的技术出现，公众才开始关注生物学。

大气科学自 20 世纪 10 年代开始，一直在学科内部发展，直到 90 年代以来的气候变暖问题吸引了公众的视线，才登上大众的舞台。对我而言，难得地赶上了一个可以跳出来去影响公众的历史机遇。在这个时间节点上，所有地球科学领域的科学家和青年学生，都有义务沟通科学界与公众，有机会让科学为公众服务。与其说这是地球科学的机会，不如说是地球科学的责任和使命。如果气候变化问题最终解决了，科学界和大众沟通的这个窗口就会关闭，大气科学又会退回到自己的学科内部，去讨论学科内部艰深的学术问题，等待下一个影响公众的关口。

总之，我们每个大气科学的从业者在这一段时间里都要有特别的使命感，要做好桥梁工作、做好点亮公众的工作，充分利用好这段特殊的时间。从这个意义上讲，科学事业对我而言是有些使命意义的，我能隐隐感觉到它：尽己所能，为减缓全球变暖而奋斗。

博雅 GE 微访谈
自然与人文的交汇 ①

陈 斌

关于通识教育

Q："地球与人类文明"这门课是从 2016 年开始设置的，不知道老师为何想要开设这门课？

A：我开这门课其实也挺偶然的。我原来上了不少本科生的课，发现理科学生对于文史、社科、艺术之类的都挺感兴趣。比如我开设的一门课叫数据结构与算法，课程期间我们做了一些艺术化的东西，比如用编程画分形图形等，我发现同学们都很感兴趣；另外的原因是，我本身在地空学院，接触过一些中学的科普工作，我觉得中学对地球科学的教育很不够。在大家的印象中，地球科学就是中学地理书里背诵的内容，这导致很多同学到了大学对于地球科学的理解还是很浅的。

首先，地球科学当然不只是一个纯理的学科，它属于可以跨在文理之间的综合性学科。因为地球科学的研究是从地球的表面深入到内核，对地球表面的研究和人类活动密切相关，比如经济地理和人文地理一方面和人文历史紧密相关，另一方面是和物理、化学、生物结合的，比如地质学、地球物理学等，这又是几种自然科学。而且，地球是目前我们人类生存发展的唯一家园，所以生存发展也是一个很重要的主题。

所以这里就体现了通识教育的一个目的，就是让人关心世界，关心社会，关心人类在自然当中的地位，人类社会从过去到未来的发展走向，这些问题都和我们的家园——地球相关。我的课程名中，"地球"

---

① 课程名称：地球与人类文明；受访者所在院系：地球与空间科学学院；访谈时间：2017 年 12 月 31 日。

更多是代表理科，"人类文明"属于文史社科，这两个词放在一起，很多人一听到就会觉得很有趣，而我也希望这门课既有自然科学的逻辑严密的部分，也有社科、人文的精神关怀和深入思考。

Q：一开始对这门课的设想是怎样的？现在的想法有没有什么变化？

A：在课程设计上，我还是希望对地球环境和人类文明这两个部分的讨论在比重上相当。一方面，希望学生知道人类智慧和文明是怎么来的，为何能在地球这个环境中出现，其必然性和偶然性是什么；另一方面，我也想要探讨，虽然人类文明的发展非常迅速，是一个加速的过程，但这几万年的过程对于地质演化来说其实就是一瞬间的事情，那么地球表面已经固定的海陆分布情况对人类文明有什么影响？这也许是决定性的。当然也有一些社会科学方面的历史规律的支配，但是我觉得地理环境的影响还是很重要的，所以这里面可能既有偶然性也有必然性。然后我们再去探讨人类文明未来会怎么样，这是一个非常开放的话题，所以我们会用《人类简史》《未来简史》这类具有历史哲学高度的参考书做教材，虽然地质年代很长，动辄几千万年几亿年，而人类文明从认知革命开始也不过七万年左右的时间，二者在时间尺度上不匹配，但是人类文明的这些内容是和前面对于宏观的演化的讨论比较匹配的。

我会在课程中列举一些事实，而事实之间具有什么关联，就需要我们运用想象力去解释。比如地球环境的演化和生物的演化有联系，但是联系有多强是没有定论的。再比如生物的演化都是从简单到复杂，这是一个问题，而地球表面的演化也是从简单到复杂，几亿年前的陆地基本都是平坦的，地面环境都非常单调，之后才演化出丰富的地形，这导致了复杂的气候，于是又会演化出多种多样的环境，而这样的环境是和多种多样的物种相匹配的，它们之间有何内在联系？所以这是一个探索的过程，我鼓励大家运用自己的想象力和逻辑能力把这些事实串成一个线索。

Q：不同专业背景的学生给您带来了怎样的授课感受？

A：北京大学的公选课可以让不同学科的同学聚在一起，组成小组之后，每个专业的同学都有自己的看法，大家能够相互补充，可以从不同的专业角度提出不同的认识和看法。从课堂讨论中也可以看出，这对教学很有好处。他们之间的差异肯定是有的，而且我认为通识教育是鼓励差异的，不是上完课之后大家都变得一样了，而是上完课之后大家都有各自的收获，不同的专业看同一个问题是不一样的。我觉得这是和专业教育不一样的，专业教育在课程结束后，大家都要具备同样的知识水平，这是一个基本的要求，而且知识内容、思维的方式都是一样的，但是通识教育课鼓励多样性——上完课之后大家不仅变得不一样了，而且也许是更不一样了。因此，只要秉承这样的目标，授课的时候就不会有什么特别困难的问题。

Q：在您看来，这门课人文部分的讨论承载着怎样的意义？

A：我认为这也是通识教育的目的，就是让人更多地思考人的价值、生命的意义，思考世界和社会，所以如果只是纯自然科学或者纯技术，可能对于人文方面的思考就比较少。因此，引入这些讨论或许能帮助学生对将来所要从事的工作的发展有所思考——也就是说，不光是思考技术本身的发展，而且也思考技术和科学的发展对于人类的影响——最终引导我们对人类将走向何处等问题有所思考。现在，科学技术正在引导或者推动人类社会以一个无法停止的步伐去向一个未知的方向，认真思考的人都会感到恐慌，因为人们对于未知的东西都是很害怕的，但是也要去思考，社会发展、科技发展得那么快，对于我们未来社会的影响会是什么样的。认真思考这一问题，会让我们为未来做好准备——我不是说人们可以改变未来，而是说至少可以不被未来推着走。

另外就是对于大家观念的改变。因为基于我们之前对于地球的认识，人们常说人类工业化破坏了生态平衡，但现在我们认识到，地球本身其实是不会被破坏的，我们破坏的是适合人类生存的环境。如果我们把眼界放到地质年代，即便从现在开始地球上的人都消失了，地球表面人类创造的文明痕迹可能几十万年之后就什么都没有了，但和地球存在的时间相比，这个时间只是一个太短的瞬间，所以我们人类的所作所为破坏的只是适合人类生存的环境，从这个角度我们就可以更加清楚人类自身的责任所在。

Q：您在课程中说，"地球与人类文明的问题，是科学问题，也是人文历史问题，还是哲学问题，甚至会是宗教问题，本课并不仅仅讲授科学知识，我们希望这里更多的是探索、思考和争论"，那么，您是如何在课程中引入其他学科的视角的呢？

A：我们今年的课堂讨论部分，每个小组都会报告不同的题目，其中就会涉及自然科学、文化历史、哲学，甚至宗教问题，这样就可以大大开阔大家的视野。

比如，哲学问题会包括：各个古文明是如何看待世界的，他们的宇宙图景是什么样的？有一个理论叫"人择原理"，认为地球环境之所以是这样是因为人类生存在这里，如果不是这样的话，人就不会在这里，不会去认知世界，所以人产生智慧并去认知宇宙的话，宇宙就应该是这样的。因此问题就是，环境和智慧、人类的文明，为何这么匹配？这就是一个哲学命题。

另外，从人择原理的角度可能会得到一些原来没有想过的结论。比如我教授的另一门课——离散数学当中包含了很多数学上的、逻辑上的悖论，这就已经反映了人类的思维本身是有局限的，或者说逻辑思维这种思维方式是有局限的。当你将逻辑思维运用到科学发现、科技发明的领域中，这个局限性就体现得更为明显。如此一来，也许科学发现就是不能发现所有的东西，更多的东西也许客观存在，但并不符合逻辑，所以人类就理解不了。比如我们觉得自相矛盾的东西无法理解，但其实它们也有可能是存在的，只不过人类无法理解。

科技与人类文明

Q：我看到老师您的公众号和课程推荐材料中有很多科幻文学作品和影视作品，您是一直以来都对这方面感兴趣吗？

A：是的。因为我觉得抽象的概念不太好理解，而在文学艺术中有很生动的描述，这也代表了人们对未来的思考。我搜集了很多科幻片，大概分为几类：气候变化、人工智能、虚拟现实、生物工程等。科学对未来社会方方面面的影响可以通过一些影视作品非常生动地展现出来，我自己是因为看得多，所以归纳成体系了。如果大家也可以有体系地观看，也会更容易理解这门课程本身的内容，我觉得这也是通识教育的目的。不光是推荐，我们也在学期中组织了很多看片、讨论的活动。

Q：老师可否具体谈谈，其他学科的讨论引发了您怎样的思考？

A：比如离散数学中讲得很多的是数学基础，原来数学家认为所有的数学都可以无矛盾地形式化，但后来发现这是不可能的。因为根据哥德尔不完备定理，稍微复杂一点的形式系统都是不可能同时保持完备性和一致性，所以这就否定了形式化的全能性，以至于后来影响到了物理学。在 21 世纪初，霍金（Hawking）就公开表明哥德尔不完备定理其实是对物理学解释整个宇宙世界的努力的否定。因为物理学解释世界的时候也是用数学去解释，而数学或者人的形式化的思维本身就有局限，所以你去解释、认识世界的时候也会有问题。比如人类逻辑中不允许自相矛盾的存在，但否定了自相矛盾就会把很多东西也否定了，就好像倒洗澡水的时候把孩子也倒掉了一样。有一本书《哥德尔、艾舍尔、巴赫——集异璧之大成》，讨论了从数学到音乐艺术的共通性，都说明了人类形式化思维的局限性。认识到这个局限性其实不是什么坏事，至少让我们认识到科学不是万能的，不可能解释所有的事情。

比如人择原理涉及一些奇妙的自然物理现象，其中就有这样一例：一般的物质有固态、液态、气态，密度递减，但是水很神奇，冰反而比 4 摄氏度的水密度要小，正是这种反常的特性使得生命的发展成为可能。比如到了冬天，如果冰的密度比水的密度要大，冰就会沉下去，水会涌上来，最后河流就会全部结冰。恰恰是因为冰的密度小于水，所以可以浮在水上，隔离零下几十度的低温，使得水下的生物，特别是陆地淡水系统中的生物能够生存。而如果没有水生动物，就不可能进化出更加复杂的陆生动物，所以物理常数只要有一点微小的变化，比如地球和太阳运行的周期和距离发生一点变化，我们现在这样的生命就不可能存在。但其实这些讨论都不属于科学的范畴，科学只探讨它是怎样的，而不探讨目的和意义，不探讨为何必须这样，为何就是现在这样。

Q：老师您在课程大纲中也涉及了当下大热的人工智能。据您了解，人工智能目前的发展趋势是怎样的？

A：人工智能发展也有阶段性，以前是一些基于规则、基于判断、基于决策树搜索的确定算法，但是现在大家所知的 AlphaGo 则是基于神经网络。而神经网络其实是一种仿生，就是模仿神经元的工作状况，以及其间的连接，在输入输出之间是一层层神经元的相连。现在最要命的一点在于，上一代基于规则的智能是非常明确的，比如我们在数据结构算法中学到的所有算法，我们可以知道每一步发生的事情，最后的结果也是确定的，但是神经网络结构不是这样的。比如图像识别，输入输出很好理解，但是中间的几层神经网络不知道发生了什么。所以现在专门发展出了一个技术方向，试图理解神经网络结构的每一层发生了什么事情，但我觉得这很可能不会很快有进展，因为这是和神经科学、脑科学的发展相匹配的。但是有一个哲学性的因素，或者说一个自相矛盾的问题，那就是：人脑要如何认识人脑自身？人脑的复杂性应该超过人脑的理解能力，用人的智力去理解人的智力似乎是不够的。

Q：教学大纲的最后一课，您提到了"奇点理论"。奇点理论认为，人与机器可以协同发展，这是否是一种乐观的表述？

A：其实这也不能说是乐观的表述，因为人和机器协同进化之后，我们是无法理解这样的人类是什么样的，他有无情感，他的伦理是什么。对我们而言，他完全是一个新的物种，完全不能拿现代人的常理去理解。所以人和机器协同进化之后的超人，再去看我们，可能就像我们看蚂蚁一样，你说蚂蚁能理解人吗？

Q：您认为这一理论展现了科技发展的趋势吗？

A：有很多人相信这一理论。他们认为科学技术是加速发展的，而且加速度会越来越大。的确如此，两百年前的人和两千年前的人差不多，但是两百年前的人和现在的人简直无法做任何交流。所以这个指数级加速一旦到一定程度的话，现代人就无法理解了，而且我相信在我们的有生之年可以看到这一点。也说不好这是什么样的，只能说要做好准备。

比如，人工智能已经引起了一些职业的消失。举个例子，无人驾驶汽车会引起什么样的变化呢？对这一问题的合理的推测可能是我们很难接受的。比如我说十年以后，人类司机上路是违法的，这一点你能接受吗？但是如果像北京这样整个拥堵的交通系统被无人驾驶的车替代了，车速可以达到非常高的程度，北大到国贸10分钟就能到，而且路上没有红绿灯，也不会发生任何事故，你能抗拒这样的未来图景吗？所以你最后就会不想也不敢乘坐人类司机开的车，这倒是很容易推测的。再比如，医学水平的发展有可能让我们在有生之年得到永生，只要我们活得足够久就可以看到这一天。这些惊人的结论很可能不是天方夜谭，而只是我们平时没有仔细思考过。

博雅 GE 微访谈
寻找破译生命密码的钥匙 ①

佟向军

我与"普通生物学"

Q：可以讲讲您是如何与"普通生物学"这门课结缘的吗？

A：我 1988 年考入北大生物学系，上的第一节课就是"普通生物学"。那个时候，"普通生物学"还是生物系的专业课，开课的是戴尧仁教授。戴老师上课非常有意思，给我留下了很深的印象。当时生物系有细胞生物学和遗传学两个专业，我对遗传学更感兴趣一些——高考填志愿时，我填报的也是北大的生物学系遗传学。我想，可能每个人都或多或少对遗传学感兴趣吧，因为它关乎你是怎么来的、为什么你是你而不是另一个人这样一些问题，而每个人都渴望认识自己。遗憾的是，北大没有设立遗传学博士点，当时我们学院唯一的院士翟中和老师也在细胞生物学教研室，因此三年级分专业时，我没有选择遗传学，而是选择了细胞生物学。我 1998 年博士毕业，正值北大百年校庆。当时有老师来做我的思想工作，希望我能留在北大。那时正是人才大规模流出的时候，出去的多，回来的少，学校千方百计地想留住人才。我在北大保留了一个职位，但还是想出去看看，于是毕业后就出国做博士后。2002年我回国时，北大遗传学青黄不接，老一辈教师退休了，新人一个也没留下。当时讲"遗传学"这门课的是戴灼华老师。戴老师早就到退休年龄了，但因为后继无人，只好重执教鞭。没有办法，只能由我来讲授"遗传学"，同时承担了"普通生物学"这门课的教学任务。

---

① 课程名称：普通生物学；受访者所在院系：生命科学学院；访谈时间：2018 年 4 月 15 日。

Q：您对于这门课的设想是什么？您是如何给非专业学生介绍生物学知识的？

A：我给这门课的定位不是科普，而是在确保专业性的前提下，把生命科学作为一个整体进行系统的介绍。这样的讲课方式不会面面俱到，但会把生命科学的知识相对完整地融进去。生命科学学院的专业课多数是专题课，比如细胞生物学、生物化学、遗传学，没有像"普通生物学"这样具有通论性质的课，但现在许多老师也觉得应该为生物学专业的学生开设这样一门课，让学生对生命科学有一个融会贯通的认识。这门课以生命的基本特征为主线，从生命的基本化学成分讲起，再到生命严整有序的细胞结构，然后上升到个体层面，介绍与遗传、繁殖、衰老相关的知识，最后讲生命的起源和演化。

除了这门课，我推荐感兴趣的同学去选修教学实验中心开设的"普通生物学实验"。实验课会涉及"普通生物学"中的大部分理论内容。生命科学是一门实验科学，几乎所有重要成果都是由实验推动的。短短三四个小时的实验课当然不能代替真正的科学研究过程，毕竟在实际科研中，大部分实验都是以天甚至以月计的。实验课更多是让学生对课堂知识产生感性的认识，加深对理论的理解。

Q：这门课的期中作业是参观自然博物馆，可以讲讲您布置这项作业的出发点吗？

A：我布置的期中作业是参观自然博物馆并撰写游记。我给学生列了几个有名的自然博物馆，包括中国科学院的动物博物馆、周口店的古脊椎动物博物馆、白石桥的古人类博物馆等。布置这项作业的出发点在于，现在生命科学已经深入到了微观的分子领域，这门课绝大部分内容也是围绕微观的生物学展开的。微观的生物学描述的是生命的共性，这些共性包括生命体共有的化学成分、细胞结构以及组织。而宏观的生物学的知识，像动物学、生态学、物种分类，是放在这门课最后讲的，而且所占课时并不多。但实际上，人类认识生命是先从宏观的认识开始的，有了宏观的感性认识之后，才逐渐深入到微观领域，这与我们课程的讲授顺序恰好相反。博物馆展示了生命的多样性，呈现了生物学中宏观和差异的部分。参观博物馆是一个很好的机会，能够让学生领略到生物学的另一面，弥补了课堂讲授的不足。

我与遗传学

Q：您目前的研究兴趣是斑马鱼的基因筛选和基因组修改，可以简要讲讲这项研究是如何开展的吗？

A：我在美国时做的是细胞生物学方面的研究。随着研究的深入，我逐渐体会到在细胞水平上得到的很多结果并不能反映在个体水平上，两者之间存在一个很大的鸿沟。我觉得还是在个体水平上做出东西来更能令人信服，也更有意义，所以我转去做个体。我现在的研究与遗传学更相关，通过修改斑马鱼同源重组中的基因组，研究斑马鱼心血管系统的发育，在此基础上研究人类先天性心脏病的发病机理。

人类有大概 1/5 的出生缺陷是先天性心脏病，先天性心脏病大多是遗传性的，即使是非遗传性的心脏病，也是由于环境的作用影响了基因的表达，导致心脏在发育过程中出现了问题。归根结底都是影响了基因。我们要回答的是：影响了哪些基因？是如何影响的？鱼的心脏有一个心房和一个心室，与人类心脏的结构不同，但其发育的基本程序和人类心脏是类似的。通过研究鱼的心脏发育，我们可以知道哪些基因发生缺陷能诱发先天性心脏病，哪些环境因素能导致基因的异常表达。

Q：为什么选择斑马鱼作为模式生物呢？

A：首先，鱼与人类同属脊椎动物，有着相似的发育模式。在鱼身上可以找到人类的大部分基因，其功能也基本相似。当然，老鼠和人的亲缘关系又比鱼更近一层，但养老鼠的成本比养鱼高很多；斑马鱼的幼鱼是透明的，可以方便地在解剖镜下观看表型，而老鼠是胎生动物，我们不能在它的胚胎期观察它的发育情况。其次，斑马鱼的体型小，产卵量大；斑马鱼的性成熟期有三个月，虽说不是太短，但也不算太长。这些特点决定了斑马鱼是一种适合进行大规模基因筛选的实验动物。老鼠、大鼠、猴子也可以用于基因筛选，但很难组织大规模的实验。最后，斑马鱼是最早被用作模式生物的鱼类，我们对它的遗传背景了解得最清楚。

Q：在科研过程中，您是否遇到过什么困难？

A：在 2008 年之前，最大的技术瓶颈是很难在斑马鱼身上实现基因的定向突变。在 2008、2009 年的时候，出现了一种名叫锌指核酸酶的基因编辑技术，成功攻克了这一难题。现在的新问题是，我们期望通过观察定向突变基因所引起的性状变化，来研究某个基因在斑马鱼发育中起到的作用。但在实验中，当我们对基因做了定向突变后，个体的性状通常不会发生任何改变。这种情况在我们的实验中占到了百分之七八十。我们推测，这是由于斑马鱼同人类一样采取了一种调整型发育模式，当你移走了它的某个基因，其他基因可以代替这个基因的功能，导致我们看不到任何表型。换句话说，斑马鱼基因具有代偿功能。相比之下，用果蝇做实验就容易得多，因为果蝇采取的是一种镶嵌型发育，每个基因各司其职，将它移除后没有别的基因可以代替它的功能。从遗传学的角度看，果蝇基因的可塑性差，进化程度较低，但对科学研究来说，这恰恰是果蝇作为模式生物的一个优点。

我与生物学

Q：您认为生物学最大的魅力在哪里？

A：最大的魅力在于，生物学是与我们每个人息息相关的。人本身就是生物，人总想了解自己是什么样的。另一方面，人类对于自己几乎一无所知，有太多东西需要探索，人往往对于未知的、神秘的东西更感兴趣。我们对于生命的了解是如此之少，以至于根本就不知道生物学已经进展到哪一步了，研究得越是深入，越会发现自己的无知。我们根据已有的假设进行实验，得到的结果往往出人意料，这表明我们原来所持的设想与事实相差太远。物理学的实验结果可以用数学公式预测出来，爱因斯坦在百年以前就预测了引力波的存在，科学家找了一百多年，果然找到了。这是生物学远远比不上的。

Q：您对国内生物学的应用现状满意吗？您对这门学科未来的发展有什么期待？

A：任何科学从科研成果转化为实际应用，都需要跨越一道道鸿沟。一些科学发现可能要经过数年才能投入应用，生命科学也是如此。生物科技的投入还涉及伦理学和大众认识问题。目前科学家已经有能力定点修饰人类基因以抵御或治疗某些疾病，但出于伦理方面的考虑，许多国家禁止这类研究。我国则是限制了这项技术的使用范围，只允许修饰有缺陷的病理性基因。但实际上，除了缺陷基因，一些正常基因也是可以进行修饰的。位于白细胞表面的 CCR5 基因是艾滋病病毒入侵机体的主要受体，如果把人胎儿造血干细胞中的 CCR5 基因人为修饰掉，我们可以让人在成年后不会感染艾滋病。在欧洲的白种人中，有大约十分之一是不会感染 HIV 的，就是和他们的 CCR5 基因天然缺陷有关。那么，我们能不能对人体内的正常基因主动地进行修饰呢？这就比被动地修饰缺陷基因更有争议了。

除此之外，大众的一些错误认知也给生物技术的推广造成了很大的阻碍。转基因技术是从 20 世纪 70 年代出现的，到现在 40 多年，也只是在农业领域铺开了一点，却引来了大众强烈的抵触情绪，有关转基因的谣言一直层出不穷。其实，伪科学的横行不仅是生物学不够普及的问题，也是社会心理学问题。电视上推销的老年保健品，也许就会有生物学教授掏钱购买，这与生物学知识的多少无关。人到了一定年龄，对于衰老的恐惧就会战胜理性的知识，使人做出非理性的决策。当然，具备一定的科学素养，或许有助于克服盲信，许多荒唐的伪科学谣言，只要稍具科学思维就能识破，这或许是学校把自然科学课程列入通识课程体系的初衷。

尽管存在各式各样的阻碍，但我相信，生物技术一定会是人类未来的经济增长点，因为人最终关心的是自己的健康和居住的环境。现在生物产业正在慢慢地发展起来，无论是生物制药、基因治疗，还是环境工程，都得到了越来越广的应用。真正限制生物技术应用的，其实是我们对于生命科学本身的了解程度，我们对于这门学科了解得还太肤浅，在将来，我们势必要投入更多力量来研究生命科学领域中的基本问题。

Q：现在生物学科研岗位竞争激烈，可否请您给将来想从事生物学研究的同学一些建议和寄语？

A：我的建议是，如果你将来想从事自然科学研究，那么就从事生物学的研究。在当代，物理学已经发展到了很高的层次，想在这个领域取得一些重要成果，是十分困难的，而且基本不能靠个人的力量达成。现在物理学的重要科研成果都出自大团队，无论是探测基本粒子，还是观测引力波，都需要大量的人员和经费支撑。而生命科学就不同了。19世纪末 20 世纪初，科学家认为物理学发展到瓶颈期了，物理学晴朗的天空只剩两片乌云：一是黑体辐射，二是迈克尔逊－莫雷实验，这两片乌云导致了广义相对论和量子力学的诞生。而现在生物学的天空根本还阴着呢，太阳都没露出来。在生命科学领域，有最多的未解之谜等待我们去研究，取得重要科研成果的可能性非常大，而且这种成就靠自己的团队就能达成，而不像物理学必须借助国家甚至是国际的力量。

当然，任何科学研究都很辛苦，生命科学也是如此。生命科学领域聚集了这个时代最聪明的头脑，所以竞争也就空前激烈。想从事生命科学的研究，前提是对这个学科感兴趣，而且这种兴趣必须是一以贯之的。有时候，你从外边看生物学挺热闹，科研成果层出不穷，让人摩拳擦掌、跃跃欲试。等到你真正投入其中，却发现生物实验其实特别枯燥，实验结果经常与预期不一致，热情瞬间被浇灭了。这是不行的。要知道，生物学实验十有八九是不成功的，需要总结每次失败的经验教训，找到改进的办法，再做下一次尝试，才有可能取得进展。我们从事科学研究，大部分时间是处于痛苦当中的，偶尔成功一次或许特别兴奋，但这种兴奋也持续不了多久，因为前面还有一连串打击在等着你。从事生命科学研究必须具备这种心理承受能力。如果你不是把生物学当作一个心向往之的事业，而只是作为一种谋生的手段，我劝你不要来。要知道，生物学工作者的收入不高，而且在可见的将来收入也不会高，做起实验没日没夜，又要承受那么多的痛苦打击，何苦来呢？

博雅 GE 微访谈
让数据说话 [①]

耿　直

课程设计

Q：我们还是先从这门课开始谈起。想问一下老师，您当初是出于什么样的初衷开设这样一门课的？统计学是相对专业的学问，您认为统计学对于不同类型的学生，在生活或者学习中有什么样的帮助？

A：统计学是研究数据收集和分析的方法论的学科。在科学研究和日常生活中，常常会遇到数据分析的问题，特别是当今大数据、人工智能和互联网时代，收集和分析数据是非常重要的。普通统计学是面向全校各个学科（包括文科和理工科）的本科生开设的一门课程。尽管理工科都分别开设与统计学相关的"概率统计"课程，但一般注重概率统计中数学证明的方法，因此不适合作为面向全校学生，尤其是文科学生的课程。

普通统计学开设到现在已经不止十年，选修这门课的学生来自全校各个院系，其中很多是学习社会、经济、管理、历史、外语和法学的学生。还有不少是学理工科的学生，他们学过"概率统计"课程，觉得"概率统计"在逻辑推理方面学得多一些，但是碰到数据怎么去分析，好像讲得少一点儿。数学科学学院开设"普通统计学"，作为面向全校的一门通识课程，对于需要了解和掌握统计方法来分析数据的本科生是非常必要的。

统计学是非常重要的。不管我们学什么专业，在日常生活中遇到

---

① 课程名称：普通统计学；受访者所在院系：数学科学学院；访谈时间：2020 年 12 月 2 日。

数据，都需要用统计方法进行分析。所谓数据，不仅是数字，还包括文本、图像、语音等形式，统计方法都可以应用在上面。我们课上讲到，像《红楼梦》前 80 回和后 40 回是不是同一个作者写作的，可以通过文字分析。国外有些学者讨论莎士比亚作品到底是莎士比亚本人写的，还是其他文人以莎士比亚的笔名写的。莎士比亚和培根等文人是同一个年代的人，我们可以利用统计学方法比较莎士比亚名下的作品和同时代文人的作品，来看是否有显著性差异。

统计学专业的学生毕业以后，以前很多是去金融、经济领域工作，最近几年很多去互联网企业，像腾讯、今日头条等。今日头条根据用户经常点击的内容，向用户推送他们可能感兴趣的消息；电商根据顾客查询的商品，向顾客发送他们可能会购买的商品的广告。这些都需要利用统计方法进行分析。

Q：这些商业的内容和统计的关系其实是非常紧密的，但这种依靠统计做的推荐和信用评级，是不是会带来一种统计的歧视？

A：是的，似乎出现过电商"杀熟"的报道。如果一位顾客总是选择住高级宾馆，电商就有可能向他推送高级宾馆，而且还可能提高价格。所以，国家要制定规章制度进行管理，避免类似的事情发生。

Q：您刚才讲到像理工科的同学会有概率论和数理统计方面的专业课，社科或经管学部的同学会修应用统计学，比如"计量经济学"或者"社会统计学"这些课程。那么"普通统计学"这门课在重点和难度设置上，和其他院系作为专业课的统计学课程，有哪些不同呢？

A："概率统计"讲授一些数学证明的方法，比如推导一个统计量是服从卡方分布、t 分布还是 F 分布，需要数学上的一些训练。社会学专业则针对一些社会问题，侧重讲授如何进行抽样调查，怎么进行问卷设计，这些很重要。计量经济学可能倾向于讲授统计模型、回归方程等，讲授经济学中内生变量和外生变量等。

"普通统计学"这门课程主要讲授和介绍统计学中常用的基本统计方法，比如数据有几种获取方法、数据的可视化、统计推断、假设检验和简单的回归模型，之后会讲一些时间序列分析方法。但是这门课程不会过多涉及数学证明。比如，我们会讲到 t 分布，t 统计量为什么这样构造；在均值检验的时候，从数据得到一个样本均值和一个假设的均值，看这两个均值相等不相等，两者相减后除以标准差，就知道是否有显著差异，但我们不会讲为什么服从 t 分布，而是让同学们从直观上理解。通过这样的方式，同学们可以学会，在得到数据之后怎样可视化和分析数据。可视化就是画一些图，在数据量很大的情况下，通过画一个图直观显示数据的趋势。在数据分析的部分，我们会介绍统计推断、假设检验、列联表分析、回归模型、时间序列分析等。

最终考核的时候，一般很少涉及数学证明的内容。有一些习题里做得很多的内容，比如说多元回归变量选择、时间序列数据分析，需要大量数据计算，在期末考核时会相对少一些，但我们平时的作业中都练习到了。课程的成绩是平时成绩占 40%，期末考试占 60%。

Q：这门课叫"普通统计学"，对数学不够自信的同学在选课时可能比较犹豫。您觉得，对于人文社科的同学来说，修习这门课的难度会大吗？

A：文科有不少学生特别喜欢理科课程，还有一些学生需要使用统计方法。很多文科学生选了这个课，不少文科学生取得了 90 分以上的成绩。

Q：您觉得要把这门课学好，最需要的是什么？您有什么可以推荐给大家的学习方法吗？

A：这个课程不需要死记硬背一些内容，基本内容是很直观的且很容易掌握的。我们以教科书中的内容为要求。尽管课上补充了很多教科书之外的内容和例子，讲授在实际数据分析时遇到的问题和一些悖论现象，但是，考试内容不超过教科书的范围。

Q：咱们这门课是不是不太涉及对软件的解读？

A：我们这门课也会涉及一些统计软件的应用，在应用回归模型分析数据时要用到一些软件。我们现在用的方法都很简单，像 excel 等软件就能算。这门课只需要简单使用统计软件就可以了。

统计方法

Q：那么您认为数据分析软件对于统计学学习的意义在哪里？一方面软件使得统计和计算简单了许多，比如我们只要根据软件的要求输入

数值，就能够得出相应的结果。但与此同时，我们对其中的许多概念以及结果是如何生成的却并不了解。您觉得我们应该怎样去看待软件在统计学中的应用？

A：这门课程的作用之一是使学生了解针对不同类型的数据，应该用什么样的统计方法。比如连续变量的情况，应该用回归分析、方差分析，还是列联表分析；使用不同方法有什么优点和缺点。我们的课程侧重于讲方法，要讲清楚这类问题：理解什么样的数据和目的适合用什么样的方法。使用统计软件时，可能会出现你说的一些问题，如果不了解针对什么类型的数据使用什么方法和统计原理，盲目地将数据扔给统计软件，算出来的结果可能会发生错误。

Q：现在许多人在统计的过程中遇到的类似问题是，对于一个数据能不能做回归，或者做了回归之后得到的结果意味着什么，并没有很深刻的理解。由于分析软件的存在，大家可能对许多基础性的原理就没有那么深的了解了，而统计学恰恰是基于无数的假设和原理才形成的。这种情况是否也会对数据统计产生影响？

A：是的。如果对统计方法不理解，简单将数据输入回归软件中，而不考虑计算出来的模型是否合理，不检查预测的残差，可能会导致错误的解释和结果。我们在课程中对相关内容进行介绍，比如统计软件计算出来结果，要再去看 R 平方、残差图，残差是否都很随机地落在某一个区间。

Q：像刚才您提到了残差，它本身也是一个对回归的基本假定。我的理解是，咱们这门课在介绍这个问题的时候，不会对回归的无偏性进行证明；而是类似于考察在给定一条回归线的情况下，它是不是平均落在两侧。

A：对。比如画一个残差图，横轴是 x，纵轴是残差，看看随着 x 的增加，残差是不是变得越来越大，或者是随机的。大部分残差是否合理地落在正负 2 倍标准差之内。如果出现个别残差非常大，需要考虑是否将相应数据作为异常值，删掉该异常值重新做分析，是否需要修改回归模型等。

Q：也就是说，咱们会把这些定理用更加日常化的语言表述出来，使大家更容易理解？

A：是的，课程会讲到对数据进行回归分析后需要注意的地方。

Q：**我们对您的治学经历也很感兴趣。您一开始在计算机领域学习，博士阶段转而学习统计学。请问您是如何走上研究统计学的道路的？您觉得统计学最吸引您的地方在哪里？**

A：我 1982 年从上海交通大学计算机系本科毕业，教育部公派出国，1983 年到日本的九州大学，跟随导师学习研究统计学。我当时对计算机和人工智能更感兴趣，那时候人工智能研究的主要方向之一是数理逻辑，完全不涉及统计学的方法。但是，现今统计学已经成为人工智能领域的主流方法之一。图灵奖得主 Judea Pearl 教授致力于因果网络研究及其在人工智能领域的应用，利用统计方法进行不确定性推理，利用变量 X、Y、Z 等的数据发现变量之间谁是原因、谁是结果，建立这些变量之间的因果关系网络，利用因果网络进行多个变量之间的不确定性推理。

当下统计学的应用非常广泛。例如，数据挖掘、机器学习、图像和语音识别都需要统计方法，现在大数据、人工智能、深度学习也都离不开统计方法。互联网中有丰富的数据资源，如何利用这些数据呢？都会涉及统计学的应用。

Q：**我们注意到老师的研究中一个很重要的方向是关于因果推断。但我们一般理解的统计学似乎更多是在进行相关分析，那么老师能否向我们简要介绍一下从相关分析到因果推断可能遇到哪些障碍，具体有哪些方法能够使我们的统计走向因果推断？**

A：如果我们的目的只是做预测，那么利用变量之间的相关关系就可以预测得很好了。例如，孩子鞋子的尺寸大小与他掌握的单词量有很强的相关关系，因此根据孩子穿多大的鞋就能预测他的单词量。但是如果我们的目的是做决策，那么必须利用变量之间的因果关系。例如采取什么样的措施或制定什么样的政策，就需要因果关系。你需要找到所关心的因素 Y 的原因是什么，通过改变它的原因，该因素 Y 才能够变化。利用数据发现因素 Y 的原因是什么，这与传统的回归模型的变量选择不一样。

两个变量有相关关系，但可能没有因果关系。这种虚假相关关系之所以出现，是因为存在第三个变量，我们称其为混杂因素。例如，刚刚提到的小孩鞋子大小与单词量有很强的相关关系，这种相关关系是因为存在第三个变量"年龄"，"年龄"是鞋子大小和单词量的公共原因。

发现因果关系的最好方法是做试验。在自然科学中常常采用试验方法，特别是医学中常采用随机化试验方法。但是社会学和经济学里做试验则相对困难。社会学和经济学现在也开始应用试验方法。例如，通过随机发放奖券的方式，制造一个工具变量，从而评价经济研究中的因果效应。

Q：如果是在一些与人相关的领域里进行试验，是否可能存在伦理上的一些问题？

A：你说的这个问题很重要。例如，医药和疫苗的医学试验，首先要考虑伦理问题。进行医学临床试验，需要有一个伦理委员会。如果已经有了一种有效治疗疾病的药，再用无效的安慰剂做对照进行随机化试验，就会有伦理问题。

应用前景

Q：我们看到老师还比较关注统计学在医学领域的应用。想请问老师，在医学的领域，统计学有着怎样的应用，在这一领域内部，统计学的工作又会遇到哪些挑战？

A：在国际上，统计学专业的博士毕业后，从事最多的职业就是与医学和制药相关的职业。许多统计学毕业生在国内外制药公司从事统计方法研究。新药研制过程中需要进行四期临床试验。一期是测试药物的安全性和安全剂量，二期是确定药物有效剂量和安全性，三期是疗效评价，四期是药物上市后监督药物疗效和副作用。公共卫生领域里常采用前瞻性队列研究和回顾性病例对照研究。大数据、复杂多源数据、人工智能、生物信息、脑科学等领域为统计学提出了很多新的挑战性研究问题。

Q：统计学应用于医学领域，是不是很多时候没有办法完全达到理想的状态？

A：当然。很多新药进入临床试验阶段，但是最后失败了，所以新药研制成本很高。一种新药最终能得到医药管理部门批准，需要通过非常严格的临床试验和统计检验。

Q：这个可能就是与理工科的实验不一样的地方。

A：对，医学临床试验是针对人进行的试验。还有很多公共卫生调查，涉及敏感性问题，比如说吸毒、艾滋病和同性恋的关联性。有关的调查方法和统计方法都非常复杂。

Q：最近在美国大选过程中，民调结果的偏误引发了同学们非常热烈的讨论。老师怎么看在美国大选过程中出现的这种统计偏误？您觉得这种偏误是因为什么？在统计学中，怎样的研究设计和统计方法能够尽可能地减少误差的出现呢？

A：调查数据如何收集是一个非常重要的问题。数据质量不好，不管采用什么统计方法都很难避免错误的结果。数据收集的方法不正确，常常会导致各种偏差。例如，历史上美国总统选举的民意调查，大部分能比较准确地预测哪位候选人当选。但是，曾经出现过两次预测错误。其中一次是根据电话簿进行抽样调查，那个年代有电话的家庭大都是富人，所以抽样有偏差，导致预测失败。在抽样调查和数据收集时，需要仔细设计和实施，避免出现抽样导致的偏差。

博雅 GE 微访谈
矿产资源是重要的战略资源 [①]

朱永峰

一、通识教育与课程目标

Q："矿产资源经济概论"这门课程希望达到的课程目标是怎样的呢？

A：我们这门课不讲授特别专业的东西。"矿产资源经济概论"是一个通选课（今年升格为通识核心课），要求尽量用通俗的语言把矿产资源领域的关键问题讲清楚，并引导同学们深入思考矿产资源开发利用对国民经济的保障问题、矿产资源开发利用可能诱发的环境问题，以及由矿产资源贸易所诱发的国际政治问题。我曾在教材《矿产资源经济概论》（北京大学出版社）前言中写道："矿产资源的开发利用是人类有意识的一种社会经济活动，它不仅受矿产资源状况的制约，更受当时的经济技术水平、各个国家和地区的法律以及环境保护条例等众多因素的限制。矿产资源经济学家不仅要在发现和开采矿产资源的基础上告诉人们如何能最佳地利用和分配矿物原料、如何能避免浪费、如何能把给环境造成的负担保持在一定的限度内，更重要的是对一个国家或者地区的资源开发和利用在全球经济一体化的情况下提供明确而切实可行的政策资讯，在瞬息万变的国际政治和经济舞台上保护本国与矿产资源有关的经济和政治利益。"

讲课内容主要围绕三条主线展开。一个是普及化。从本质上讲，矿产资源是人类社会的重要生产资源和劳动对象。没有矿产资源的开发利

---

① 课程名称：矿产资源经济概论；受访者所在院系：地球与空间科学学院；访谈时间：2019 年 12 月 6 日。

用，既不会有用钢筋水泥建造的高楼大厦和高速公路，也不会有高铁、飞机、轮船、计算机、手机等现代社会广泛使用的工具。然而，我们大多数人一般很难把这些司空见惯的现代社会组成部分与矿产资源开发和利用联系在一起。比如我们常用的手机，需要产自世界各地的几十种矿产品来加工制造。所以，"矿产资源经济概论"应该起到一个桥梁作用，让大家认识和了解矿产资源的开发利用以及所可能诱发的相关问题。另一条主线是矿产资源市场及其安全供给保障。化石能源（煤炭、石油、天然气）、金属矿产和非金属矿产都是从地下开采出来的不可再生的宝贵资源。矿产资源的大规模开发利用保障了社会的繁荣稳定以及我们所享受的幸福生活。比如，现在北京通过天然气燃烧来供暖，我们可以在暖和的屋子里学习和生活。如何保持矿产资源开发利用的可持续发展，保障现代社会繁荣，是当前全球各国面临的重大问题。第三条主线是环保，它绝对不是一个简单的环境保护问题。矿产资源的大规模开发利用，均会释放出温室气体并可能诱发环境问题。从全球发展来看，环境保护本质上是"政治＋技术＋经济＋教育"的综合性大问题，需要同学们去深入思考。

Q：这个学期，"矿产资源经济概论"首次被纳入通识核心课的序列。成为通识核心课以后，这门课会有更多非本专业的同学选修，您在课程安排上会进行怎样的调整呢？这门课有无先修课程要求？人文社科背景的同学们应该做一些怎样的准备呢？

A：非常感谢教务部的大力支持。这门课程的讲课内容每年都在更新，我想努力站在国际学术前沿，以全球视野观察矿产资源国际市场及其所诱发的国际贸易、国际政治和区域热点问题，研究矿产资源开发利用的新问题，分析该领域面临的新挑战，探索其发展规律。然而，就课程结构来说，不会做很大调整，因为在过去20年里，这门课每年都有本专业之外的十多个院系同学选修，其中将近一半的学生是来自文科院系。当时我们开设这门课也是想让没有特定专业基础的学生能够很快进入这个知识体系中。

不需要先修课程，北京大学的学生完全具备进入这个领域的所有能力。本课程鼓励同学们思考以下问题：（1）正确理解矿产资源开发利用与人类社会发展的"与时俱进"；（2）矿产资源及其交易市场的主要特点和影响矿产品供给的主要因素;(3)正确理解战略性矿产资源对保障国家安全和社会繁荣稳定所具有的意义;(4)如何理解矿产资源市场的全球化?矿产资源市场的全球化对我国国民经济建设的重要性和必要性主要体现在哪些方面?(5)面对复杂多变的国际政治局势,如何有效地维护我国利用矿产资源的合法权益?(6)我国矿产资源企业到外国拓展相关业务会遇到哪些挑战和陷阱?如何防范风险?

Q:您对通识教育和专业教育之间的关系怎么看?在您的通识教育实践中,您有怎样的发现与思考?

A:这个问题太好了,从学校层面到我们每个教师都一直在探索这个问题。我觉得两个都很重要,缺一个都不行。如果忽视了专业教育,培养不出顶尖的人才;但是如果没有通识教育,学生的综合素质就会打折扣,其后续发展潜力也会降低。这两者的关系就像人的两条腿,只有这两条腿都一样长且一样强壮,这个人才能走得更远,对社会的贡献才能完全发挥出来。院系层面非常重视专业教育,学校很重视通识教育,就非常好,做到了双管齐下,两条腿走路。

通识课不仅教授学生知识,更是在培养学生深入思考复杂问题的能力,这也是我开设这门课的初衷。通识教育有助于提高大学生的素质,为这些人将来走向社会奠定良好的基础。学校不用担心专业教育不足的问题,因为学生本科毕业以后还可以在研究生阶段接受严格的专业训练,但通识教育在本科生入学一两年后就没有太多机会了。所以我觉得学校应该更大力度地加强通识教育。

"矿产资源经济概论"针对性地设置四次课堂研讨,鼓励同学们发表自己的观点看法,他们会事先做一些文献调研,进行课堂演讲并展开讨论。这种讨论极大地提升了大家独立思考社会、经济、政治等复杂问题的能力。比如我们本学期第一个演讲的同学就"中东石油问题"进行深入探究,四十多名同学就矿产资源国际贸易的政治化、黄金投资、关键金属、化石能源与新能源、"一带一路"的矿产资源战略、世界铀市场、我国明代银本位制度、资源诅咒、矿业城市转型、钢铁企业和铁矿石贸易、与中国稀土相关的 WTO 问题、矿产资源法、矿业环境问题等方面开展了热烈研讨,这些内容几乎涵盖了我在课堂上讲到的所有方面,都非常有趣。

二、课程内容与延伸讨论

Q：矿产资源作为全球经济的重要基础之一，始终是国际政治争夺的对象，矿产资源的开发利用也是国际政治中各国相互竞争的重要方式。在这样的情况下，我国如何保卫自己的能源安全呢？

A：矿产资源的保障是国家安全的重要组成部分。如果重要矿产资源的供给得不到有效保障，不仅会严重影响一个国家的经济发展和社会繁荣稳定，还有可能威胁国家的安全。例如，一些国家间冲突就是围绕着矿产资源展开的。所以矿产资源的保障是国家安全的基石，是非常重要的。最近国际学术期刊发表的统计数字告诉我们，富强的国家控制并开发利用了更多的矿产资源。

矿产资源的开发利用有时会对国家的安全产生重要影响，甚至诱发政变。就在今年（2019年）10月，刚刚当选的玻利维亚总统被迫到墨西哥寻求政治避难去了。原因之一是玻利维亚拥有丰富的锂矿资源，当选总统想保护性地开发本国的锂矿资源，而美国的一些财团想控制这些锂矿资源，他们之间发生了矛盾。于是，美国方面扶持了玻利维亚的反对派，把刚选出来的总统赶跑了。委内瑞拉由于有丰富的石油资源也面临类似的困境，虽然总统没有被赶跑，但美国扶持的委内瑞拉反对派领袖已经自封为"临时总统"，导致该国处于混乱、动乱之中。类似的案例还有很多，矿产资源的不安全对这些国家造成了难以愈合的创伤，一些国家，包括伊拉克和叙利亚，目前仍然处在社会动荡中。所以，矿产资源开发利用有时候会演变成为重大且复杂的政治问题和社会问题。

为了保证我国经济持续平稳发展，我国每年需要大量进口包括石油、天然气和铁矿石在内的多种矿产品。目前我国的石油进口量占消费量的70%左右，这非常危险。石油供给国一旦出现问题，就可能显著地影响我国的国民经济建设，而且这么多的石油在海上运输也存在很大风险，所以国家必须派海军舰艇去护航，防止非法武装、海盗或者其他武装力量的劫持。国际矿产市场变化非常大，比如以前我国从伊朗进口的石油比较多，随着美国制裁伊朗，伊朗石油出口受到限制，供应量迅速减少。所以中国必须寻找别的市场，加大从安哥拉以及俄罗斯的石油进口量。目前，我国应对矿产资源问题的基本策略是利用好两个市场：

国内继续加大寻找矿产资源，加大开发力度，同时努力稳定国外市场，保障大宗矿产品进口渠道的畅通。

我国虽然有丰富的稀土资源，但是 20 世纪 80 年代开始出口稀土换取外汇的活动一直持续到 21 世纪初。当发现我国稀土资源量迅速减少，国家开始限制稀土出口量。但这个时候，国际市场已经严重依赖中国了，美国和日本就联合起来到国际法庭告中国，说中国限制稀土出口量不符合 WTO 规则，要制裁中国。国际法庭最终裁决，要求中国无限量出口稀土。我国宝贵的稀土资源就这样继续很便宜地流向国际市场，导致我国稀土资源量从 10 年前占世界总量的 90% 迅速下降到现在的 30% 左右。如此继续下去，中国就要大规模进口稀土了。事实上，我国从 2017 年就开始进口稀土了。稀土是非常重要的一种矿产，没有稀土，就没有现代工业，也无法制造各种高精尖的设备。当年中国加入 WTO 的时候，缺乏战略性矿产资源的保护意识，导致我国面临如今的困局。

所以，"矿产资源经济概论"要让大家有这样的意识，希望同学们学习了这门课程以后，走向工作岗位或者进入决策层的时候，能够有这样的意识。我们教学的最大目的是让同学们能够为国家的繁荣富强做出重要贡献，预测各种可能出现的问题，防范风险。很多人可能完全不知道这些事，就会觉得怎么就不能自由贸易？当你有了全球视野且相关知识积累到一定程度后，你就会发现，矿产资源绝不是简单的商品，与之相关的国际贸易，在很多情况下是复杂的国际政治问题。比如说稀土 WTO 问题导致我国利益损失巨大，是无法弥补的。能源贸易也是如此，二十多年前，我国就开始积极推动从俄罗斯进口石油和天然气的相关事宜，但贸易量比较小，因为俄罗斯希望维持其在欧洲能源市场上的霸主地位，能供应到中国市场的量相对较少。最近几年，由于美国对俄罗斯的制裁，俄罗斯石油和天然气对欧洲的供应量减小，对中国的供应量才开始增大。

世界上的一些发达国家，比如英国、美国、德国，都有完善的矿产资源预警系统，每年都更新。内容就包括哪些矿产资源是最紧迫的、断供风险最大的。比如英国的矿产资源预警系统中断供风险排在第一位的是稀土。这些国家的矿产资源预警系统，就是智囊团提供给政府做决策的参考。矿产资源预警系统是应对矿产资源未来危机、保护本国国民经济正常运转的行之有效的机制。

Q：在去产能的背景下，很多私人小矿已经关闭了。作为一种特殊的商品，矿产资源在市场交易中也有自己的特征。您认为矿产资源的开采和交易过程需要更多放权给市场，还是更加偏重于国家管控呢？

A：矿产资源本质上是一种战略资源，不像大豆、土豆或者汽车这类商品可以自由买卖。关键性的矿产资源往往是买不来的。如果缺少稀土资源，你就造不出导弹、飞船、卫星之类的高端设备，也无法制造飞机、汽车以及我们常用的手机和电脑。

没有纯粹的政治，政治的驱动力是经济。政治和经济，就像金币的两个面，在矿产资源领域里完美地体现了其统一性。如果把所有消耗的能源换算成标准煤，来对比世界上人均能源消费水平的话，世界人均消费 2.7 吨标准煤，美国人均 9.7 吨，韩国人均 7.5 吨，俄罗斯人均 7.4 吨，法国、德国、日本人均 5～6 吨，中国人均 2.6 吨左右。要想提高生活福利，必然会消耗更多的能源。美国人能享受很好的福利，是因为美国实行了一系列政策，在海外不断扩展，保证廉价石油的充足供应，这是美国全球战略的重要驱动力。改善人民的生活福利，这是政府的首要目标，所以习近平总书记提出的"一带一路"倡议，其目的之一就是使中国能够在未来获得足够多的能支撑国民经济平稳发展的矿产资源。落实到我们这门课的讨论话题上，真正的中国梦，即中国人的人均能源消费达到发达国家的水平，这就是我对我国能源战略的一个总体概念，希望我们的学生也有这种意识。

就矿产资源的贸易而言，国家管控和自由市场都有必要，一些大宗矿产资源交易必须是政府主导的，以保证市场的平稳供给和经济发展的长期稳定，比如石油、天然气、煤炭、有色金属、钢铁等，但其成品（汽油、柴油、钢管、金属制品等）可以进入自由市场。中国有数量巨大的民营矿业企业和能源公司（包括上市公司），它们对促进我国矿产资源开发利用同样发挥着重要作用。

Q：近年来，如风能、太阳能、潮汐能等新能源正在迅猛发展。新能源看似弥补了矿产资源的一些缺陷，比如：不可持续性，可能造成的环境污染，开采时的危险等。面对这些新能源的冲击，矿产资源是否最

终会被取代？您如何看待两者之间的关系呢？

A：环保问题确实是大问题，所有的国家都面临着发展经济与保护环境的矛盾。正如习近平总书记指出的那样，绿水青山就是金山银山。好的环境会带来很多福祉。但保护环境不是说不开发矿产资源了。而且如果完全不开发矿产资源，我们的矿山企业包括冶炼厂就会停工，工人就会失业，高速公路上也见不到飞驰的汽车，房子也没法建造了……所以这是一个辩证的问题。国家首先要保证国民经济发展和社会繁荣稳定，必须让大家有饭吃、有衣穿、有房住。当然，也要保证大家有新鲜空气呼吸。开发利用矿产资源的过程中，需要实施有效的环境保护措施。

与其他工业活动和农业生产一样，矿业生产必然会产生污染，但可以通过采用先进技术来降低污染。新能源是一个不错的选择，比如说风力发电在全世界能源供应量方面的占比达 5% 左右。水电也很环保，中国 2018 年水电占全社会用电量的 16.2%（火力发电占比则高达 73.2%）。太阳能是清洁能源，但制造太阳能电池板需要消耗各种矿产资源（以及能源），其制造过程中同样会排放大量污染，只是你没有看见而已。风力发电看起来也很干净，但风力发电机的叶片和数十米高的基塔是用各种金属材料制造出来的，而且制造好的器件从工厂运输到山区或者海上安装，其制造过程和运输过程中要消耗大量矿产资源和能源，并排放大量污染。就在今天（2019 年 12 月 6 日），*Science* 杂志发表文章，论述风力发电可能诱发严重的社会问题和生态环境问题。所以，看起来很干净的东西不一定就很洁净。同学们要了解这个过程，要综合、深入地分析矿产资源开发利用的表象与本质，不要被表面现象迷惑。我们现在的年轻人受到了良好的教育，生长在优裕而和谐的社会环境中，信息资讯非常多，看到的都是靓丽的东西。作为北大的学生，你得去深入地分析，理性地批判，了解推动社会发展的各个环节，这也是北大学生最核心的竞争力。

Q：当下，矿产资源开发面临众多争议，这种争议一方面是从矿产资源有限性入手的，有人质疑矿产资源无法再生，未来某些矿产资源面临枯竭时，人类要如何应对？一方面是从环保主义这个角度入手的，很多环保主义者认为矿产资源造成了环境问题，故而反对矿产资源开采和使用。在这样的情形下，您如何看待矿产资源的发展、挑战和未来？

A：这个问题很难回答，总的来说，矿产资源的未来和人类的命运会紧密地联系在一起。从类人猿进化为人，是从有意识地开始利用地球上的资源为自己提供福利为起点的。所以从人类发展史上来讲，人的命运与开发利用矿产资源铁定地绑在一起。我认为，人类的命运未来还会与开发利用矿产资源绑在一起的。如果矿产资源消耗殆尽，我们再也没有能力去开发新的矿产资源或者开发新能源以保障我们必要的生活条件的话，人类就会消亡。然而，我们很聪明，有智慧去开发新的资源，去利用新的资源为人类服务。比如刚才说到的太阳能电池板和锂电池，其开发使用历史还不到 20 年。今年（2019 年），锂电池的发明人还获得了诺贝尔化学奖。大家现在很担心化石能源枯竭，但是我们未来的汽车不一定要用石油，可以用太阳能驱动。我们可以发明新的技术，降低太阳能板的制造成本，减少污染排放。一个由太阳能驱动的小型飞机在两年前就完成了环球旅行，虽然飞得慢一点，但是能飞。人类以后变得更聪明一些，取之不尽的太阳能不仅能驱动飞机飞得更快，还有可能完全取代化石能源，为我们人类在地球上的长期生存保驾护航。

人类能不能永远在地球上生活呢？地球形成到现在已经过了三十多亿年，而我们人类历史从北京猿人算起也不过才七十万年。你看以前统治地球的各种生物，比如恐龙，恐龙虽然生存了一亿多年，之后也灭绝了，个别有"先见之明"的物种变成了鸟，飞上了天。当然，人与恐龙的显著区别是人有智慧，人可以通过开发利用矿产资源为自己营造适宜的生存环境，而恐龙由于没有智慧，所以灭绝了。从这个意义上讲，更高智慧的人可以在地球上生存更长久。学习地球科学是很有意思的，你能看到地球演变过程中物种的更替。我还是比较乐观的，至少我们现在完全不用担心这事，因为我们相信人类一代比一代更有智慧。

三、求学、治学与教学

Q：您是如何走上学术道路的？为何选择了这个方向？

A：我来自祖国西北边陲的山区，小时候的梦想就是走出去看看外面的世界。当时，看到我们的老师充满了智慧，希望将来也能成为一名神奇的老师，这就是我的梦想。我非常幸运地考上了大学，当时填报专业志愿的时候，完全没有概念，据说搞地质可以找矿，应该很有用，就选了这个专业。大学毕业以后，国家选派一些人到苏联去留学，我非常幸运地获得了去苏联留学的机会。我 1988 年去苏联留学，1993 年在莫斯科大学获得博士学位时，苏联已经解体为 15 个国家了。苏联解体后，其货币快速贬值，原本富足的苏联老百姓一夜之间变得一贫如洗了。那个状况真是特别可怕，一些人饿死或者冻死在大街上。我们中国留学生有国家的保障，大使馆给我们提供了很多帮助，使我们都顺利完成了学业。我对我所选择的专业从来没动摇过，我认为这是祖国建设所需要的专业，我为能从事这个领域的教学和科研工作感到自豪。

Q：**您是否可以推荐一些与课程相关的，或者您个人喜爱的影视或者书籍作品？**

A：电影方面我推荐《血钻》这部电影，资料方面我们上课就特地推荐同学们阅读 *Resources Policy* 期刊上的相关文章。

博雅 GE 微访谈
用物理方法和物理精神锻造认知能力 ①

穆良柱

"演示物理学"开课溯源

Q：穆老师您好！首先请问，我们这门课是什么时候开始作为选修课面向全校同学，尤其是文科同学，开放的呢？

A：有些记不清了。一开始的授课教师是张瑞明老师，我们物理演示实验室的前任主任。开课目的主要就是想给文科生增加一点通识教育，时间大概是在 2007、2008 年的样子。

Q：那您接手这课是从什么时候开始的？

A：我从 2010 年春天，也就是 09—10 学年的第二个学期开始上的。

Q：现在您是和另外一个老师合开这门课，两位老师的分工大概是什么样的？

A：对，我和另一位老师合上。我们俩都是主讲教师，两个人轮着开课，这学期我开，下学期他开。

Q：开课效果怎么样呢？

A：开课效果也是有一个逐渐变好的过程的。刚开始呢，学生评价也就中等，后来我们就对课程做了一些更改。因为一开始我们讲的还是理论性内容、公式之类的内容偏多，之后我们基本上就是以做实验为主。最初是要把演示实验放上去，希望既有演示实验，又有理论，但这样我们发现文科学生在理解上还是有点困难，所以我们后来就干脆几乎全部都是演示实验。只有在一些没法做演示实验的相关物理学内容上

---

① 课程名称：演示物理学；受访者所在院系：物理学院；访谈时间：2018 年 6 月 10 日。

面，我们就做讲座，大概有一两次。基本上可以做实验的，我们就全都做了。这样一来，效果就还好一些，至少这几次学生的评价都还可以，课程评估分数也都是 90 分以上。当然，也肯定还有改进的余地。

物理教育与通识教育

Q：我是第一次到这个理科教学楼的普通物理教学中心里面来。看了一些走廊上的简介，我大概有这么一个印象："普物中心"本身就有一定的通识教育的性质，您看这个判断对不对？

A：是这样的。"普通物理学"，原则上说，就是给具有理、工、医背景的各类学生开设的基础课，类似于"高等数学""公共英语"等课程。

Q：物理学院给文科生开放的选修课还有"今日物理""大气概论"等。"普物中心"再来开课，有什么特色吗？

A：我们有一个物理演示实验室，有较多的物理实验的资源。这些实验展现的本来就是一些比较有趣的物理现象，能让人感到惊奇，比较吸引人。用实验的方式是比较适合给文科生做物理教育的，所以我们觉得还是有必要给文科生开这样一个有普通物理性质的、以实验为主的课程。

Q：作为一名普通物理课程的教师，您怎样理解通识教育？

A：所谓"通识教育"的"通识"，应该是大家每个人都需要掌握的一种东西。对吧？那么从物理学的角度看，所谓"通识"，就是一个人他所需要掌握的一种不变的、规律性的能力。在我看来，通识教育的教学内容，应该偏能力多一点，而不仅是知识。那么这种每个人都应该具备的能力是什么？这是需要我们思考的。

从我们物理人的角度来看，我觉得，这种能力应该是每个人都应具备的基本认知能力。这种基本认知能力，是我们去面对世界、面对社会、面对我们个人的一种最基本的能力。有了这样的认知能力，你了解了整个世界，就会形成你的世界观；了解了你自己的人生、了解了别人的人生，形成的就是人生观；而你能够认知到什么东西对于你自己来说是重要的，这就是价值观。对吧？而上述这些都是要求你已经具备基本的认知能力。所以，至少在我看来，所谓的通识教育，最起码的，就是要教会学生这个最基本的认知能力。

通过物理教学，我们可以完成这种基本认知能力的培养。物理学给我们提供了大量的、有效的案例，来作为我们发展自己认知能力的有效参考。物理认知案例有一个优点：它几乎囊括了一整套的完整认知过程——你会体会到怎么挑选研究对象、怎么就你感兴趣的性质进行研究、怎么去做量化的描述、怎么去找它的实验规律、怎么从理论上去构建模型、怎么从理论的角度去建立公理化体系、怎么对这个认知加以验证、怎么对正确的认知加以应用……简单地说，我们可以将从实验物理到理论物理、到应用物理这样一个完整的过程全部都经历下来。

当然，物理学之所以能做到这一点，是因为物理学挑选的研究对象特别简单：质点、电荷、理想气体，诸如此类。通过这些简单的研究对象，我们能够经历完整的认知过程。这对培养人的认知能力是相当有效的。

而且，你要想具备独立人格的话，这种完善的认知能力是必须要有的。换句话说，认知能力的培养，应该是我们具有独立人格的基础。所以，物理学在通识教育中非常有效的一点，就是能够培养起人的这个独立认知能力。

Q：对文科同学进行物理教育，我们的目标主要是什么？

A：目标主要还是体验物理学文化。物理学文化包括什么呢？物理学的方法和物理学的精神。

物理学的方法指的就是什么？就是物理学家在理解这个世界的时候所使用的一些思维方式，比如说分类法——观察现象，把这个世界分成力学现象、电磁现象、光学现象。还有还原论——要把这个世界拆成一些最简单的东西，然后再把它组装回去。这就是所谓物理学方法。

还有一些呢，就是所谓的物理学精神。什么叫物理学精神呢？比如说一个物理学家最起码的是要追求真理。他之所以对这些现象感兴趣，就是因为他想了解这个世界背后的道理是什么，背后的原因是什么。如果要想追求真理的话，你肯定要求客观、要求实事求是。对吧？实验结果，或者说客观世界就摆在这儿，只要你想的是错的，或者你的设想不客观，那么事实肯定会证伪你的想法。还有，物理学家最起码还应该有批判、怀疑的精神。因为每个人的认知都有片面性。你一旦相信了别人的想法，你就停止了思考，那这样一来你就什么都没有了。但是，如果你反过来去问一问别人的想法是不是对的，那么你就有可能去拓展你认知的边界，去提出一些新的问题，也就能继续探索下去。这种物理学精神，也是做人的一种最起码的精神。

"演示物理学"这门课，就是希望能让大家体验一下，物理学方法是什么样子的，体验一下物理学精神是什么样子的。说得直白一点，就是让大家看看物理学家是怎么做事、做人的。

上述的物理学方法和物理学精神，其实是人类认知到现在为止——无论是从古希腊文明开始也好，还是从中国古代文明开始也好——相对来说能够保证我们获得有效认知的一种基本方式，或者说，能够获取有效认知的一种最佳认知方法。

这样的物理学方法和物理学精神，我们在理工科、医科同学的学习研究中更为强调。给文科生开这个课，当然也是希望他们能够了解这种最基本的、相对最为有效的物理学认知方法。从原则上来说，这也能够用在非物理学的研究对象上；当然呢，我们不指望这种方法就一定是有效的，但它很可能是有效的。我们最大的希望，就是文科生能够体验一下这种方法。

Q：那就同学们的反馈来看，他们的收获如何？

A：一方面呢，他们觉得还蛮有趣的。另外一方面呢，在物理学方法上大家也还是觉得有些收获的。但是，如果说要完全达到我们预期的教学效果，那还是有一定差距的。上了一个学期的课就有彻底的改变，我觉得可能性不大。

虽然改变不会有那么多，但是不管怎么样，学生上过这个课，体验到一些不同的思想方法，知道有一种方法叫物理学方法，有一种精神叫物理学精神。在以后的学习生活当中，他会不断地回想起有这么一件事。从学生本身的反馈来看，这样一个收获基本是有的。当然，也不可能指望他们掌握所有思想方法。

穷究物理：求学与教学

Q：您个人的求学经历是什么样的？

A：我经历特简单。我 1996 年到北大物理学系来读书，2005 年博士毕业，这期间一直在北大学物理。

Q：您觉得物理学最吸引您的是什么？

A：我原来问过自己这样一个问题：你到底是因为聪明才来学物理的，还是因为学物理变聪明了？后来我发现，这两件事情是相辅相成的。一方面呢，你确实得有相应的能力来学物理学；但另外一方面呢，你也真的因为学物理学而变得更有智慧。这一点大概就是我觉得物理学比较吸引我的地方。与其说物理学是探索世界的一门学科，不如说物理学是一种看待世界的生活方式，它希望了解这个世界的本原是什么。在你探索的过程当中，你不断地锻炼自己，那你得到的东西是什么？是你逐渐增强、逐渐变厉害的认知能力。因此，你会变得更有智慧。

其实，你一开始并不知道，对于你变得更有智慧来说，学习物理学到底是不是有效的。所以我才会问这种问题：到底是因为聪明来学物理学，还是学会物理学才变聪明？对吧？但是到后来，当你真的明白了什么是物理学、知道了物理学到底在干什么，那你就会知道，其实你已经在借助物理学方法理解世界的过程中极大地提升了自己的能力。

Q：对于您来说，物理学教学（尤其是文科物理学教学）与科研之间的关系是怎样的？二者能够相互促进吗？

A：我本身是对教学更感兴趣的，而我所在的这个单位，普通物理教学中心，它的主要任务也就是做好普通物理的教学工作。所以对于我来说，教物理学系的学生也好，教非物理学专业的其他的理科生也好，给文科生上课也好，都是我比较感兴趣的事情，也是我的主要工作。

在科研方面，我自己相对来说算是做着玩的，花的时间精力没有在教学上多。那么你会发现，教学和科研，实际上是相互促进的。教学本身也是做研究，只不过你教授的领域呢，相对成熟一点。但是，正是因为它的成熟，反而需要你对这个领域有一个非常系统的了解，能够把这个领域——比如热学、光学——的相关内容做一个综合梳理，然后用一种相对来说比较清晰的、有效的方式教给学生。这个环节本身就是做研究的过程。

此外，科研其实往往是整个物理认知过程当中的某一步，往往是其中的一小步。而在教学中，你能把整个物理认知过程的完整流程都经历一遍。所以从这个意义上说，教学要经历得更多一点。

当然，你教学做得好，能把这些问题梳理清楚的话，对于科研来说也能起到一个促进的作用。尤其是给文科生讲课，给他们讲清楚，首先你要对物理学的图景非常清楚，然后你还要理解文科生的认知特点。在这种情况下，对于老师的要求自然是更高的，这也会反过来促进你去反思自己的物理认知过程。所以教文科生实际上更有挑战性。

Q：您自己在教学过程中的最大感受是什么？

A：可以说有两点。一个呢，文科生对物理学的关注和兴趣让我蛮感动。因为我们的期中考试是要求做实验的，期末也要求他自己做一个实验，然后写一份实验报告。看到有的学生做实验的过程当中投入的时间和精力，以及他们做实验时那种开心的表情，让我蛮感动的。我能感到他们对物理学真的很有兴趣。尽管他们没有选择物理学这个方向，但是他们探索的兴趣、好奇心，让我很受触动。这是一个感受。

另外一个感受呢，就是说，文科的思维方法和理科的思维方法，还是有很大的不同。不同思维方式之间会发生一些碰撞，在碰撞的过程中我们也会有一些收获。文科同学思维相对来说属于一种发散性的思维：他会有很多想法，会给你提一些理科生很可能根本不会想到的问题，尽管对于他们来讲这样来发问反而是很容易的。这个时候，你会回过头来反思理科生的思维方法，比如说可能某些地方不够灵活呀，等等。这样一种碰撞中的收获，可以说是教学相长吧。

有一个比较有意思的例子。我们讲了一个"超冷水"的现象。这是一个相变的实验现象，课堂上做起来不太容易，所以我上课的时候没有真的去做这个实验。不过呢，我把这个事情给他们说了，然后放了一段超冷水实验的视频。结果有的学生对这个东西非常感兴趣，就要跟我了解一下怎么做，我也跟他们讲了。后来，他们就拿我们这边实验室的冰箱，拿了屈臣氏的蒸馏水，去做实验了：冻一段时间，然后它能够达到超冷的状态，拿出来了再用手一弹，你就看到里面的水瞬间变成冰。这个事情让我很惊讶，这个文科生的好奇心还是让我觉得非常厉害。

另外一方面呢，同样对于这个超冷水，文科生对现象的追问和理科生是很不一样的。超冷水的凝结过程，不是像一般水结冰的那种结晶方式，一下子结成一块完整的、坚硬的冰，而是很快出现了很多小颗粒的小冰晶，整个就像一大堆冰沙一样。看到这种冰沙的现象，他们马上会想到，这个东西有没有应用？能不能吃？要是把可乐冻成这样，是不是也能卖"超冷可乐"？实际上这种做法现在是有的，比如在日本有些饮品店就卖给你，然后告诉你怎么去弄它：手一弹或者一碰之类的，就立刻变成了冰沙一样的东西；或者呢，把它从瓶子里倒出来，然后你就能看到一层一层的冰沙出来，喝起来也是特别细腻的、冰沙一样的感觉。那我们课堂上一开始做这种东西的时候就没想到会有这么多的用途。

Q：最后一个问题：对于那些对物理学感兴趣，但是却没有特别好的条件到"演示物理学"课堂听课的同学，您有什么建议？

A：首先，我们在尝试加开班次。本来我们是想扩大每个班的规模，但是后来发现我们的条件实在是有限，因为一旦涉及实验，实验套数实在是有限的。这样的话，我们就尝试去多开一两个班，增加这个班的数目，扩大学生的受益面。这是一个做法。

另外，如果想对物理学有一些了解，一个简单的方法是去看一看物理学上的人物传记。为什么要看人物传记？实际上就是去看这个人，比如说像费曼、费米，像爱因斯坦，像牛顿，他们在自己的一生中是怎么去思考、怎么去理解这个世界的，以及他们是怎么做人的。在他们的人物传记里边，一般来说都有相应的介绍。这些物理学家的做人做事的方式，对我们有比较大的参考价值。我常说，成功是成功之母，你是去找那些成功的人寻找成功的经验，而不是去失败里边摸索什么经验——后者的效率太低了。

博雅 GE 微访谈
人不贪玩枉少年 [①]

陈 江

通识教育之师见

Q：现代大学体制将学科不断细化，专业化似乎成为无可置疑的趋势。但北大一方面在本科生课程安排上设置了大量的通识课程要求，一方面又推出种种跨学科项目。您如何看待通识教育、专业教育以及学科交叉人才培养之间的关系呢？

A：我们培养人有很多种方法，一种方法是把他培养成在某一个领域非常优秀的专项人才。但是另外一方面，我们在本科阶段的时候，希望同学们有比较广博的知识基础。有深厚的底蕴才能够走得更远，在未来没有人开辟过的交叉领域能够做得更好。我以前跟人打过一个比方，我们在培养的是一个"图钉型"的人才，这个词不是完全由我捏造的，在西方叫 T 型人才。T 型人才大体的意思就是有一根横杠，表示你有比较广泛的知识基础，然后有很长的一根棍，代表你的专长，这叫 T 型人才。而我说的"图钉型"人才包含的另一个意思就是，图钉下面的面是用得上力的，这样的话那根针尖才能够扎得进很多东西。

如果一个人一开始时就舍弃了其他方面的知识，而专攻一条路，这是一种赌博。当然，如果一个人真要走到极致，也许这样是对的。比方说一个小孩从小要开始做一个运动员，而他一定要选一个项目，可能是跑步，可能是游泳，但他选了游泳，很可能就不会再去做跑步、举重之

---

① 课程名称：创新与快速原型研制；受访者所在院系：信息科学技术学院；访谈时间：2019 年 11 月 26 日。

·102·

类的其他项目了。而在科研领域，一个人可能一开始选一个专项，这样才能达到极致，但是这样的结果就是我们培养出来的人，他是要冒极大的风险的。学生学一个东西，你可以说是很专门，但是也是很单一的，一旦发生任何意外，比方说学科遇到了瓶颈，或者需要用到别的知识的时候，他很多时候就无能为力了。

我们北大现在的一个策略，就是希望同学们进来的时候有一个很好的知识基础，甚至前面提了 2020 年要大体上做成一个大元培的方向。这件事情我认为在本科阶段是合适的。你要说到博士阶段所有人都是通才，这是不可能的事情，人的精力有限，但是在本科阶段还可以。尤其是北大本身又是一个非常特殊的学校，多个学科都是优秀的而且均衡发展的，那么做这件事情北大可以说是当仁不让。所以北大的课程体系里面有大量的通识课程，这件事情对于学生来说应该是一个最好的福利。

"创新与快速原型研制"二三事

Q：此前，"创新与快速原型研制"课程已经开设了四个学期，受到全校同学的青睐和好评，从今年起被北大教务部纳入通识核心课。您的这门课没有任何先修课要求，面向本科各年级几乎所有专业的学生，而内容又涉及了模型设计、电路搭建、编程这一类的专业技能。您是如何处理这一对矛盾的呢？

A：这里面有两个事情。第一个事情是，我故意把这个课程设计成不需要先修基础，它的一个好处当然是所有的同学都能够来选。我现在比较后悔的是这个课程的名字听起来太吓人了，其他老师也有同感，甚至学校也考虑过给这个课程改名，但是他们因为技术原因现在暂时改不了。我的目的就是让所有的同学都能够没有后顾之忧地来选这门课。应该说有一些先修要求的话，可能同学们可以做得更好，但为了让大家都能够放心地选，所以把这些要求都去掉。当然，这样就要求我的课程里面有相应的设计和设置。

第二件事情就是这么做的坏处。你把所有的基础要求都降到最低的话，带来的问题就是，课程里面遇到稍微深一点的东西，有的同学可能就不会了，我们叫作"入口处的学生的方差比较大"，这样带来的问题就是教学比较难设计。因为你希望在教室里面有基础的同学和没有基础的同学都能够学有所得，都有所进步，而不是说有基础的同学到这儿来就傻坐着，反正教的他都会，然后没基础的同学一看这东西好可怕。这种事情是课程设计里面最有挑战性的，也是最头痛的。我岔开一句话，中国的高考进行筛选，筛出优良的学生和学习上技术比较差的同学，其中一个好处，就是水平相当的同学能够在一起学习，那么老师设置课程的难度可以减少很多。再回到我们的课堂这个话题，就是课程很有挑战性。

我的做法就是要尽可能把所有的内容都做成有弹性的。首先是让没有基础的同学能够玩一下，也尽可能地让有基础的同学能在我给他指点一个方向后，走得更远一点。当然，并不是所有同学在所有的方面都能做得很好，可能有的方面他做起来吃力一点，但另一些方面他做得好一点，这是另外一件事情。但总体来说就是课程设计的时候需要有一定的弹性和一定的跨度，难度上的跨度。我尽力兼顾各个层次的学生。举个例子来说，同样是写程序，对于零基础同学，我可以直接把代码一段一段地显示出来，给他解释这是怎么做的。他们只要按照我给的模板，能够按部就班地完成就可以。但对于有一些基础的同学，我会让他去读书，告诉他代码是什么意思，甚至给他指一个稍微高一点的目标，让他自己去完成。

Q：在"创新与快速原型研制"的课程中，您会介绍诸如服务于二维设计的板材、2D CAD 的使用、服务于三维设计的 3D 打印以及 CNC。在电路与控制方面，您主要介绍了 Arduino 这种开源电路板，而程序与应用方面您主要使用的是 Python 这种编程语言。您在选择这些技术的时候是基于什么样的考虑呢？

A：我们也尝试了别的技术，将来可能会继续用。先说你刚才说的这几件事情，在模型设计方面，我们选用了 2D 的 CAD，也选了 3D 的 CAD，这是因为在创新制作的过程中，这两个用得最多。3D 打印的话，在创新的过程中可能会用得更多。但是因为授课的条件决定了几十个同学同时去做 3D 打印这件事情，我们的设备条件支撑不了，所以我们就倾向于稍微把 2D 的分量多加了一些，因为切割比 3D 打印要快，又高效得多。当然，有很多事情也可以通过 2D 的组合，让同学们得到更多的结构上的理解。

然后是电路部分。电路部分现在是以 Arduino 为主的，主要是因为上手非常容易，而且遇到麻烦的概率也比较小，还有一点好处是比较便宜。各方面的情况合起来就是大家可以放手地去玩，小创作里面的大部分功能都可以用它来实现。与此同时，我们也在考虑加新的模块，在明年的课程里面可能就会引入树莓派，用来实现一些稍微高端的功能，比如说视频处理和显示这样的功能。

在编程方面，编程语言非常多，我们希望能从中选择出一个跨平台的编程的方法。其中可能候选的几项东西，一个是 Python，一个是 Qt。Qt 我们学电子的人比较熟，它是一个跨平台的应用程序开发框架，笔记本或者普通的通用计算机，跨平台操作系统的手机，Linux、Windows 和 MAC 都可以支持。但是 Qt 的环境搭建起来比较麻烦。我们这学期已经跟同学们说了，要用一点 Qt。总之选择编程语言的标准就是，一是环境比较容易设置，因为需要在同学们自己的计算机上来搭这个环节。第二是学习曲线平滑一些，容易入门。第三是还有足够的上升空间，就是同学们有兴趣自己去玩，自己去发展的时候，它还有很多的东西可以学，而且真正能够多加应用。Python 这个东西虽然是这几年火起来的，但大体上讲，它作为一个脚本语言，它作为一个解释性语言，效率不是特别高，但是它的库非常丰富，既能够去做数据处理，也能够去做人工智能的应用。

Q："创新与快速原型研制"课程包括理论和实验两部分，实验部分的课程是如何进行的呢？同学们会动手进行哪些实验呢？

A：这门课程我们现在最希望的是直接在实验室里去讲，因为我们希望同学们在实践的过程中去理解我们所讲的理论部分，因为我们理论部分讲得比较有科普性，我们不喜欢用长篇累牍的定义和文字来描述东西，我们希望同学们在直观的实践过程中去获得对理论的一些了解。完整的体系在我们这门课程里面是难以建立起来的，我们希望的是通过这门课程的实践让同学们得到直观的概念、学习的勇气和新鲜的兴趣。有了这三样东西，只要他有意愿，他就可以去自学。北大同学的自学能力是众所周知的，而老师把同学们领进门就可以了。

Q：助教向我们提供了一张选课同学完成的作业实物图。您能给我们具体介绍一下吗？

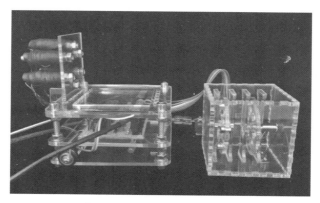

选课同学完成的 WIB 作业实物

A：这是我们叫学生做的一个课程项目，叫 WIB（Wheels in Box），盒子中的轮子。我们给学生的要求就是，在一个几乎密闭的盒子里面做一个轮子，轮子能从外部驱动它，能够让它转，让它停。然后有的同学就花大力气去做，做得非常棒——他做了一个实质的步进电机。他把轮子变成了一个可以从外部用磁场去控制，随便走多少角度都可以停下来的东西。

我们刚才说到了直观的概念、学习的勇气和新鲜的兴趣，我们设置作业也是这个原则，目的都是不要一开始就吓倒学生，或者非常为难他们，或者让他们觉得特别浅或者特别水，总之是让作业既有挑战性，让有水平的同学能够有所发挥，也可以让从来没做过的学生能够基本完成，建立和巩固信心。

Q："创新与快速原型研制"在指定的课程实验之外有学生们自由选题设计创新项目的环节。在以往的授课过程中，您印象比较深的有趣选题有哪些呢？

A：创新项目环节在不同的学期设置的时间节点不一样，有的时候在开学，有的时候在期末。我们大体上的想法就是，让学生在这学期的小锻炼之后，能进一步得到思维上的启发，能对创造新的东西不陌生，或者慢慢地熟悉起来。学生不光是有一个动手练习，还要有一个动脑练习。在这方面，我作为老师，要利用自己的经验，给他们一些启发。

比方说上学期我给生命科学学院开过一次课，他们因为题目比较集中，所以讨论得比较热烈，因为都是他们比较熟悉的背景。有的同学想得很远，甚至准备做一些东西，我还组织学生互相投票。有一些同学确实能够慢慢地在这样的场景中变得比较自如地表达自己的新想法。

生科的同学大部分是从自己的实验室需求直接开始提目标，比方说怎样用我们学的这些东西来做简易实用的，或者廉价的创新项目，比如说移液枪。他们有一系列的想法。也有的同学要判断某种小线虫的雌雄。通过开学和期末的两次报告，我们可以看出这一学期学完之后他们的想法是否更成熟。

Q：听说您还给元培的新生讨论班开过这门课？

A：在去年的秋天，开学之前元培就找到我，说听了我这门课程的设定，问我能不能给他们新生研讨班开这个课。以前的新生研讨班是请每位老师上一两次课，去年开始他们打算改革，就请几位老师上不同方向的、贯穿一个学期的课。因为我以前给他们讲过研讨班的课，他们觉得我现在讲的这个话题很适合他们，所以直接就问：陈老师你能不能给元培专门开一个班？我觉得可以，而且我开课的时间他们也说合适，所以去年就同时开了两个班。不过元培他们只有一个学分，就只开8次课，而我另一班是15次课，两个学分。我设定的内容是原则上元培的同学有几次可以不来，但结果是他们大部分都来了，所以他们后面也有少许抱怨，就是我们上了这么多的课，但为什么只有一个学分。不过还好，他们最后课程评价给的分蛮高。今年元培就改了，这学期元培设了一个两学分的课，和我们这门课是一样的，就在周五，上满整个学期。他们之所以觉得这门课很合适，也是因为这门课的课程体系相当于给同学们（尤其是以前没有任何工科基础的同学）一个小小的敲门砖。

Q：我是否可以理解为，您这门课使非工科同学在遇到具体需求的时候有能力主动去实现它？

A：这个问题还要再往前一点：同学们在有需求时可以来判断，是由自己去解决，还是请专门的人来解决？如果是自己解决，那他应该去学一些什么东西？并不是所有的事情门外汉都解决得了，但是他有一个初步体验之后，就知道这件事情的难度怎么样。学了之后，他遇到事情的时候，能够判断它是比较简单，自己还搞得定，去想办法自学一些东西来完成，还是自己搞不定，需要找专业人士去解决。他通过学我们这个课程，也知道怎么去跟专业的人做交流。有了专业背景知识就不会"开荒腔"。

网络教育与创新的故事

Q：您在课堂上会使用一些网络教育课程，在参考资料中特别提到了网络上的辅助视频素材。您也是现代网络在线教育的推动者。您怎么看待网络教育和线下教育的关系呢？

A：北大在 2013 年的时候开设了第一批慕课，其中有两门就是我的课程，但是之后我的慕课视频一直没有做出来，因为我不能忍受我的这两门慕课的质量，想不停地改。所以网络课程只能说抱歉。当然，今年我的课程全部录像了，所以明年可能会做成视频。说我是实践者就会有问题，但是你说我是推动者，我觉得一点问题也没有，是因为 2013 年我做了两次慕课之后，参加了全国各地很多关于慕课的会议和培训活动，也做了很多讲座。2013 年到 2016 年间，我做了大概五六十场经验介绍、教训介绍。总之，推动的事情我是做了不少。我觉得去推广这件事情更重要——鼓舞几百个人去做事情，比我一个人在这儿吭哧吭哧地做可能更有价值。

其实我对网络教育和线下教育的看法有一个变化的过程。在 2013 年的时候，我认为这件事情简直是立马能成，现代的网络技术与优秀的老师结合以后，这个课程可以做得很棒，几乎可以打败大部分学校的大部分老师，以至于成为学生们的主要学习资料。这件事情能够极大地提高我们教育的水平，或者叫作教育教学的底线。

但是后来我并不认同这个观点。有几方面的原因。一方面是因为很多老师做出来的课程并不能达到我们一开始的期望，大部分的课程没有太大的提升，老师本身又缺乏录制经验。很多老师就算在教室里面讲得很好，但在摄像机面前却表现得非常僵硬，我也是其中一个。面对真的人和面对摄像机感觉是完全不一样的。因为会觉得摄像机摄下来的所有东西都会作为"呈堂证供"，你所有讲错的地方、讲得不好的地方都会被人笑话，所以制作课程会偏谨慎，而不敢像是在教室里那样随性发挥。这样一来，课程做出来一般不太吸引人。但是最关键的、决定成败的，主要在于，网络上的考试不能出很多非客观题，一般都是选择题、填空题，导致这些课程的考试比较水。

学生要分两部分，一部分是自我驱动能力很强的同学，他们能从现在最好的互联网慕课里面受益，这个是毫无疑问的，但是更多的同学是被迫去学慕课的，他们并不很认同这样的课程。相比于在教室里面上课，网上看视频约束力更弱，在你的形式和你的表现没有得到一个质的提升的时候，学生并不买账，因此有很多学生认为用慕课来上课，效果不如在教室里上课。

当然，现在又有一点变化，那就是，国家把它做成一场运动，做精品慕课、网络金课。国家在尝试这些东西，我只能说国家在有意做改革。勇于改革是好的，但现在有大量的课程不尽如人意。这里面真的还有很大的提升空间。

Q：您有多年指导学生创作、实习和参赛的经验，对于多数学生在创新项目中会遇到的问题有清楚的认识和了解，"创新与快速原型研制"就是基于此而开设的课程。您还发出了"就差一个程序员了"这一类的招募启事。请问您如何看待创业中程序员比例和整体技能要求提升的现状呢？

A：我这门课并不能把一个以前没有多少编程经验的人培养成一个很厉害的程序员，但是有一点背景知识之后，你就会明白编程并没有什么可怕的。当你真正需要做一个非常严肃的创业项目的时候，你知道在团队里面程序员应该是个什么地位，你知道怎么样去跟他交流，怎样为你的团队招募相应的程序员。

程序员比例提升有几方面的原因。最根本的原因是，世界正在软件化，绑上了互联网、人工智能，而很多硬件可以采用通用平台来做，因此很多东西中需要软件的部分越来越多。另外一方面，创业的产品是要去跟现实世界中的商品竞争的，通过程序员的编程提升产品的品质、层次、复杂度，这些要求都是实际产品的要求。随着用户品位的提升，这个事情的设计难度也与日俱增。不过，虽然系统的这些要素都在提升，但是工具也在与时俱进，很多时候我们需要用新工具，在学校里面学的大部分课程，有时会有些滞后，因此招聘人员时可能不一定要在学校里找，可能需要找在社会上摸爬滚打的、有实际项目经验的人。

Q：您怎么看待现在大学鼓励学生创业的现象呢？

A：我观点是：第一，学生应该去学习和锻炼创新能力。第二，学生应该知道创业大概是什么样的流程，有什么样的风险。第三，学生应该根据自己的实际情况来判断是否应该去做创业的事情。我们没有说鼓励所有学生去创业，而是鼓励创新，然后了解创业，然后是要有合理的判断，需要根据自己的个人情况（本身的能力、领导力、沟通能力和创新能力），以及业界的竞争环境、投资环境等，进行综合的判断。最根本的是因人制宜，找到合适的活动和伙伴、团队。

Q：您目前指导的学生创新项目当中，有没有相对成功的案例？

A：有一个光华的同学和一个北邮的同学组成的联合。因为都过去三四年了，我都忘了他们当初是什么时候、出于什么原因找到我的。我给他们做了比较多的指导和辅导，他们做的产品现在已经商业化了。他们的产品是可换内筒的洗衣机。平常的洗衣机内筒是固定的，但是在公用的洗衣机房，每人自己用自己的桶，洗衣就能更干净卫生。当然，那个产品还不成熟，是第一代产品。真正去做创业的学生并不多，能成功的真的是非常少，但是尽管如此，同学们还需要了解创业成功的可能性和相应的风险。

Q：最后一个问题：您想对未来上咱们这门课的同学说些什么？哪一类同学适合上您的这门课？

A：我认为所有同学都适合。本身喜欢动手的同学适合；原本不喜欢动手的同学，更应该来学，然后他就了解他自己是不是这块料。当他没有体验的时候，他可能会敬而远之。但是有过体验之后，他的感觉可能会不一样。如果要说一点什么，那就是：人不贪玩枉少年。到这门课程上来玩一会儿吧。

二、课程大纲

课程大纲
中国历史地理 ^①

韩茂莉

教师介绍

韩茂莉，北京大学城市与环境学院教授，专业为中国历史地理，主要研究领域为历史农业地理、历史时期环境变迁、历史时期乡村社会地理。毕业于内蒙古师范大学地理系，后考入陕西师范大学，师从史念海先生攻读硕士、博士研究生。1991年进入北京大学人文地理博士后流动站，导师为侯仁之先生，之后留校任教，并先后被日本中央大学、台湾成功大学等聘为客座教授。

出版《宋代农业地理》《辽金农业地理》《草原与田园——辽金时期西辽河流域农牧业与环境》《中国历史农业地理》等学术专著，并在《文史》《考古学报》《地理学报》《中国史研究》《地理研究》等期刊发表论文五十余篇。其中《宋代农业地理》开创了历史农业地理的撰写体则，而近年出版的《中国历史农业地理》则为中国第一部通史性的农业地理专著，解决了该领域的一系列重大问题。

课程简介

这门课程涉及中国历史地理的各个部分，如行政区变化与地方行政制度、交通道路与军事地理、河湖水系变化与环境、气候波动与人类活动、农业生产与区域开发、城市发展与空间结构等。本课程意在让同学

---

① 开课院系：城市与环境学院。

们了解中国历史时期重大政治、军事活动的空间基础以及人类活动与环境的互动关系，认识中国历史与中国国情。本课程具有文理交融、历史与现实相通的特点，希望有助于提高学生的综合素质及全方位思考问题的能力。

课程大纲

第一讲 绪论——历史地理的学术脉络、课程内容（2学时）

一、历史地理学的科学属性——昨天的、前天的地理

二、中国历史地理的发展脉络——从《汉书·地理志》到近代、当代中国历史地理研究

三、中国历史地理各个分支研究领域

四、中国历史地理课程内容

【参考书】

1. 侯仁之：《历史地理学的理论与实践》，上海人民出版社，1979。

2. 谭其骧主编：《中国历史地图集》（1—8 册），中国地图出版社，1982。

3. 邹逸麟：《中国历史地理概述（第三版）》，上海教育出版社，2013。

第二讲 九州方圆——中国历史疆域变迁的地理基础（4学时。一、二2学时，三、四2学时）

地理学是以一定空间为研究对象的科学，若将国家作为研究空间，疆域变迁则是最根本的问题。

一、"中国"的含义及其空间变化

二、中国历代疆域变化与疆域变化的地理基础

人类立足于大地，无论个体还是人类集团——国家、政权，均没有离开过地理，包含空间与界限的疆域更是如此。疆域是两个政权或部族空间互相碰撞的结果，若世界上只有一个政权或一个部族，就不会出现疆域。而两个人类政治集团相互碰撞且稳定在某一地带，并非无因无由，地理——这一来自自然的力量始终发挥着重要作用。

（一）史前文化的空间组合与地理选择

（二）从黄河中下游地区走向长江流域

（三）以农耕区为核心的疆域扩展

黄河、长江不仅是中国的两条大河，更重要的意义在于两条大河流域是中国最重要的两大农耕区，从江河两大流域联为一体的那天起，农耕区就成为中国疆域的核心，并以此为基点开疆拓土。年降雨量400毫米是农业生产需求雨量的底线，400毫米等降雨量线地带既是中原王朝守疆固土的底线，也是新生疆土的增长点。

三、清代晚期的疆界条约与疆域变迁

四、关于疆域问题的余论

（一）疆域伸缩的多变性

（二）疆域归属的时间性

（三）"九州与四海＝中国＋夷狄"

在中国疆域变迁的历史进程中，无论疆土局限在农耕区之内，还是跨过农牧交错带向非农业区域延伸，民族之间的交融始终贯穿其中。因此，疆域既是历史产物，也是民族、文化融合的结果，并非一个民族、一种文化的功绩。

【参考书】

1. 葛剑雄：《中国历代疆域的变迁》，商务印书馆，1997。

2. 顾颉刚、史念海：《中国疆域沿革史》，商务印书馆，1999。

第三讲　政治的空间——中国古代地方行政制度与行政区划界原则（6学时。一、二4学时，三2学时）

中国古代地方行政制度与行政区划涉及政治与地理两个问题。自从人类社会摆脱蒙昧，进入文明时代，政治与地理就成为一对孪生兄弟。

一、分封制与政治空间管理

（一）夏商两代政治制度与领土组合形式

（二）西周时期的分封制与政治地理

（三）西周封建制的衰落与政治地理格局的变化

二、郡县制与地方行政管理

自秦实行郡县制至清王朝，前后两千余年。建立在郡县制基础之上的行政区，从最初出现到全面实施，不仅仅是地方官员的施政空间，而且依托行政区形成了中央与地方之间错综复杂的利益关系。中央既要依托地方官员主持行政区管理，又要对官员权力实行制衡。事实上，从公元前 3 世纪秦王朝将郡县制确立为全国性的政治制度起，在地方利益与国家利益的较量中，在地方分权与中央集权的反复摸索中，权力的准星逐渐被定在国家利益与中央集权一线。而这一历史性的关键转折在唐宋两代，唐及唐以前各代地方分权占有优势，自北宋时期中央集权成为权力分配的主流，以此为核心形成的组织体系与权力制衡举措既在历史时期发挥作用，也随时代的选择被继承下来并融入现实政治之中。

三、行政区划界原则与历史渊源

行政区是地方官员权力依托的空间，行政区界限则是界定官员权力空间的标识。以地理学的视角审度此两者，前者将政治赋予地理，后者用地理影响政治。

（一）"随山川形便"与行政区边界

（二）"犬牙交错"行政区边界

（三）"随山川形便"与"犬牙交错"划界原则对当代政治地理的影响

"随山川形便"与"犬牙交错"两类划界原则各自选取的要素完全不同，前者得之于自然，后者取决于政治，因此行政区界限在界分彼此的同时，也将政治渗入地理之中。人类立足在大地之上，所能利用的不仅仅是资源与环境，空间与政治从来没有离开过历史，也必定影响将来。

【参考书】

1. 辛德勇：《秦汉政区与边界地理研究》，中华书局，2009。

2. 周振鹤：《体国经野之道——新角度下的中国行政区划沿革史》，中华书局（香港）有限公司，1990。

3. 邹逸麟主编：《中国历史人文地理》，科学出版社，2001。

第四讲　千古足音——古代交通道路与军事、文化、经济（8学时。一、二、三、四各2学时）

道路是人类交通的途径，关乎国事、系之民生。

一、华北、内蒙古、东北三大区域的道路系统

（一）太行山东麓道路与重要战例

（二）华北平原通向内蒙古的道路与重要战例

（三）燕山山脉与华北通向东北的道路

（四）黄河中下游地区陆路交通

华北、内蒙古、东北三大区域的道路系统，中国历史早期以豫西、洛阳一带为核心，自金、元以来其核心转向北京。

二、西北、西南道路交通

（一）"关中"的得名、道路系统与重大历史事件

（二）川陕交通道路走向与重要战例

（三）西南地区交通道路与民族经济文化

三、丝绸之路与东西文化交流

（一）丝绸之路的开通

（二）丝绸之路的道路组成

（三）丝绸之路的物质与文化传播

西北、西南地区远离中原，交通道路不仅成为连接国家政治中心的支撑体，且在经济、文化发展中扮演着重要角色。

四、运河与水路交通影响下的南北经济文化交流

基于中国的自然环境，江河湖泊主要集中在东部地区，水路自然也成为这里交通方式的重要选择。

（一）运河的开凿与主要运河的流向

（二）天然河道的利用水路交通凭藉于舟楫、借助于水力，与陆路相通，交织成网络，成为承载历史的载体。

【参考书】

1. 松田寿男：《古代天山历史地理学研究》，陈俊谋译，中央民族学院出版社，1987。

2. 史念海：《中国的运河》，陕西人民出版社，1988。

3. 辛德勇：《古代交通与地理文献研究》，中华书局，1996。

第五讲　江河之变——江河湖泊演变与人类活动（4学时。一、二 2学时，三、四 2学时）

中国江河众多，通以舟楫，借以灌溉，因而河湖水利与人类历史进程早已联在一起。而众多江河之中，无论对于中国历史，还是自然环境，影响之大莫过于黄河与长江。

一、历史时期黄河河道变迁

（一）黄河河源的探索

（二）黄河中游河道变迁

（三）黄河下游河道变迁

二、关于历史时期黄河水患原因的探讨

（一）黄河下游泥沙淤积与地上河

（二）黄河下游的泥沙来源与黄土高原土壤侵蚀

三、历史时期长江中下游水道变迁

（一）长江中游河床演变

（二）长江下游河床演变

四、长江中下游湖泊变迁

（一）云梦泽盈缩过程

（二）洞庭湖湖面盈缩变化

（三）鄱阳湖湖区变化

（四）太湖平原水乡环境利用与水利工程

江河湖泊水体的变化，不仅塑造了大地的基本地貌，且与人类活动结合在一起，既导致了一方灾难，也造就了民生福祉，并将灾难与福祉融入中国历史。

【参考书】

1. 史念海：《黄河流域诸河流的演变与治理》，陕西人民出版社，1999。

2. 辛德勇编著：《黄河史话》，社会科学文献出版社，2011。

3. 中国科学院《中国自然地理》编委会编：《中国自然地理·历史自然地理》，科学出版社，1982。

4. 邹逸麟、张修桂主编：《中国历史自然地理》，科学出版社，2013。

5. 邹逸麟：《人文集——千古黄河》，中华书局（香港）有限公司，1990。

第六讲　国脉民生——历史农业地理背景下的人类活动与环境改造（4学时。一、二2学时，三2学时）

农业生产是以满足人类生存基本物质需求为目的的动植物生产过程。农业耕作的对象植根在大地上，农田与农作物每前进一步均会侵夺天然植被的空间。毫无疑问，农田的出现不仅意味着天然植被的退却、消失，也同时意味着对于自然环境的改造。

一、历史时期人类农业开发与环境改造

（一）以扩展农业种植空间为核心的广度开发

（二）以提高产量为目的的深度开发

二、非理性的农业开发带来的环境问题

（一）农业开发用单一农作物取代多样性的天然植物

（二）宋代以来江南地区围湖造田引起的湖泊面积萎缩

（三）宋元明清以来南方山区开发与水土流失

（四）清代以来沿长城地带农业开垦与土壤沙化

三、畜牧业的地理空间与草原游牧方式

（一）畜牧业从原始农业中分离与游牧业诞生

（二）游牧业与游牧方式

游牧是草原民族基本的经济生活方式，其构成要素包括以逐水草而居为基本特征的游牧方式，以及依各有分地原则而确定的游牧空间。数千年内草原民族依照这两项基准不但在草原上建立了生活秩序与空间秩序，并以此为基础推动着草原社会的政治、经济乃至于军事发展，实现了由草原民族、游牧帝国迈向世界征服者的历史进程。

【参考书】

1. 韩茂莉:《中国历史农业地理》，北京大学出版社，2012。

2. 勒内·格鲁塞:《草原帝国》，蓝琪译，商务印书馆，1998。

3. 江上波夫:《骑马民族国家》，张承志译，光明日报出版社，1988。

第七讲　都邑春秋——城市地域空间格局与都城内部结构（4学时。一、二2学时，三2学时）

一、城市产生、发展的地理过程

二、中国古代城市地域空间格局

三、中国早期城市形态与重要古都平面布局

【参考书】

1. 施坚雅主编:《中华帝国晚期的城市》，叶光庭等译，中华书局，2000。

2. 施坚雅:《中国封建社会晚期城市研究——施坚雅模式》,王旭等译,吉林教育出版社,1991。

3. 杨宽:《中国古代都城制度史研究》,上海古籍出版社,1993。

参考书目

一、教材

韩茂莉:《中国历史地理十五讲》,北京大学出版社,2015。

二、参考书

1. 邹逸麟:《中国历史地理概述(第三版)》,上海教育出版社,2013。

2. 侯仁之:《历史地理学的理论与实践》,上海人民出版社,1979。

3. 谭其骧主编:《中国历史地图集》(1—8 册),中国地图出版社,1982。

4. 葛剑雄:《中国历代疆域的变迁》,商务印书馆,1997。

5. 史念海:《中国疆域沿革史》,商务印书馆,1999。

6. 辛德勇:《秦汉政区与边界地理研究》,中华书局,2009。

7. 周振鹤:《体国经野之道——新角度下的中国行政区划沿革史》,中华书局(香港)有限公司,1990。

8. 邹逸麟主编:《中国历史人文地理》,科学出版社,2001。

9. 史念海:《中国的运河》,陕西人民出版社,1988。

10. 辛德勇:《古代交通与地理文献研究》,中华书局,1996。

11. 松田寿男:《古代天山历史地理学研究》,陈俊谋译,中央民族学院出版社,1987。

12. 中国科学院《中国自然地理》编委会编:《中国自然地理·历史自然地理》,科学出版社,1982。

13. 邹逸麟:《人文集——千古黄河》,中华书局(香港)有限公司,1990。

14. 辛德勇编著:《黄河史话》,社会科学文献出版社,2011。

15. 邹逸麟、张修桂主编:《中国历史自然地理》,科学出版社,2013。

16. 韩茂莉：《中国历史农业地理》，北京大学出版社，2012。

17. 勒内·格鲁塞：《草原帝国》，蓝琪译，商务印书馆，1998。

18. 施坚雅主编：《中华帝国晚期的城市》，叶光庭等译，中华书局，2000。

19 杨宽：《中国古代都城制度史研究》，上海古籍出版社，1993。

课程大纲
世界文化地理 [①]

邓　辉

教师介绍

邓辉，北京大学城市与环境学院教授，博士生导师。长期从事历史地理学的研究工作，主要研究方向为区域与城市历史地理。科研工作立足于中国历史与地理的地域特色，努力实现历史地理学基础研究为国家生产建设服务的目的。在研究工作中一直重视历史文献分析与实地调查相结合，注意历史地理研究与考古学、地貌学、第四纪环境学、植被生态学、遥感&GIS 的综合交叉，从而提高了历史地理复原工作的准确性和可靠性，拓展了区域与城市历史地理研究的深度和广度。二十多年来一直坚持在教学一线，为北大本科生开设"世界文化地理""中国历史地理"课程，为研究生开设"环境变迁研究"课程。2013 年，"世界文化地理"课入选教育部第三批"精品视频公开课"。2013 年，《世界文化地理》被评为北京市精品教材。2014 年获北京市第十届教学名师奖。

课程简介

"世界文化地理"是为全校文、理本科生开设的 A&B 类通选课，旨在介绍世界文化地理的格局及其形成、发展过程，培养学生用地理学的眼光去观察和分析世界上文化现象的发生、发展与空间分布的能力。具体内容包括：世界文化地理的基本研究方法，世界文化区的划分，世界人口分布与人口迁移，农业的起源、传播与区域差异，城市的起源与

---

① 开课院系：城市与环境学院。

扩散，城市形态的区域差异与特点，世界主要语言、宗教、人种的空间分布及其相互关系，地理大发现与世界殖民体系的形成，世界地缘政治与世界地理系统的空间结构特点，全球经济一体化、城市化现象及其伴随的政治、经济、社会问题，等等。

课程大纲

第一讲　文化地理学导言

1. 什么是地理学？

2. 什么是文化地理？

3. 世界文化区的划分

第二讲　文化地理学中的基本概念

1. 文化区（形式文化区和功能文化区）

2. 文化传播

3. 文化整合

4. 文化生态（文化生态学）

5. 文化景观

第三讲　世界农业地理

1. 早期文明起源

2. 植物的驯化与农业的起源

3. 动物的驯化与畜牧业的起源

4. 现代农业类型

5. 世界农业的区域发展特点

第四讲　工业化以前的城市

1. 两河流域的城市

2. 古代埃及城市

3. 古代印度城市

4. 古代中美洲城市

5. 古代中国城市

6. 希腊、罗马城市

7. 中世纪欧洲城市

第五讲　工业化以来的城市地理

1. 工业化与城市化

2. 城市化的主要模式

3. 发展中国家的城市化特点

4. 发达国家的城市化特点

第六讲　世界人口的增长与分布特点

1. 分析人口空间结构的指标

2. 世界人口的分布特点

3. 世界人口结构的区域差异

4. 世界人口问题

第七讲　人种与种族

1. 人种

2. 人种的分类与分布

3. 种族

4. 种族问题与区域冲突

第八讲　世界语言地理

1. 语言起源与扩散

2. 世界语言的分类

3. 世界语言的分布

第九讲　世界宗教地理

1. 民族宗教

（1）印度教

（2）部落多神教

（3）锡克教

（4）犹太教

2. 普遍宗教

（1）基督教起源、传播和分布特点

（2）佛教起源、传播和分布特点

（3）伊斯兰教起源、传播和分布特点

第十讲　世界政治地理

1.国家形态

2.边界、边疆

3.国家与民族

4.地缘政治学主要流派

第十一讲　地理大发现与新的文化地理格局

1.西班牙、葡萄牙文化在中美、南美的影响

2.法国、英国殖民主义在北美的扩张

3.殖民主义在非洲

4.殖民主义在亚洲

第十二讲　教学电影

《走出非洲》（*Out of Africa*）

第十三讲　全球化过程中的区域与文化多样性

1.全球地理结构的变化

2.地理的扩张、整合与变化

（1）王朝帝国时期

（2）前现代时期的世界地理

（3）世界霸权的消长

（4）工业化与地理的变化

3.世界核心区与边缘区内部的发展

（1）核心区内部的变化

（2）边缘区内部地理格局的变化

（3）帝国主义的世界新秩序

4.全球化背景下的区域分异

（1）制造业的分布

（2）区域间产业结构的变化

（3）新的国际分工

参考书目

1. 王恩涌编著:《文化地理学》,江苏教育出版社,1995。

2. 王恩涌主编:《人文地理学》,高等教育出版社,2000。

3. Terry G. Jordan, *The Human Mosaic: A Thematic Introduction To Cultural Geography*(Harper Collins College Publisher, 1999).

4. James M. Rubenstein, *The Cultural Landscape: An Introduction To Human Geography*(Prentice Hall, 2002).

5. Richard H. Jackson, *Cultural Geography: People, Places And Environment*(West Publishing Company, 1990).

6. Jared Diamond, *Guns, Germs, and Steel: the Fates of Human Society*(W. W. Norton & Company Ltd., 1999).

7. 斯塔夫里阿诺斯:《全球通史——从史前史到 21 世纪》,吴象婴等译,北京大学出版社,2006。

课程大纲
地球与空间 [①]

宗秋刚　郭召杰

教师介绍

宗秋刚，北京大学地球与空间科学学院教授。主要研究方向为磁层物理、空间天气学和空间探测。现为北京大学地球与空间科学学院长江学者奖励计划特聘教授，北京大学空间科学与探测中心主任，北京大学空间物理与应用技术研究所所长，国家国务院特殊津贴专家，亚洲大洋洲地球科学学会 (AOGS) 日地科学（ST）分会主席。直接参加欧洲空间局（ESA）和美国国家宇航局（NASA）等单位的多项国际空间计划，被欧空局列为"双星 –Cluster 计划"中具有突出贡献的十位科学家之一，也参与过中国国家地球空间双星探测计划。2007 年领导科研组研究和揭示了杀手电子产生机制，该研究被美国杂志《发现》（*Discovery*）列入"2007 年度全球百大科学技术与趋势"。曾获国家自然科学进步奖二等奖（2001 年）、教育部自然科学二等奖（2015 年）、北京大学十佳教师称号（2015 年）。

郭召杰，北京大学地球与空间科学学院教授，博士生导师，北京大学石油与天然气研究中心副主任；教育部含油气盆地构造研究中心副主任；《石油学报》《石油勘探与开发》《地学前缘》编委；中国石油天然气集团公司"盆地构造与油气成藏实验室"学术委员会委员；中国石油学会石油地质专业委员会盆地构造学组副组长；九三学社北京大学委员会副主委；九三学社北京市委员会人口与资源专门委员会委员。曾

---

① 开课院系：地球与空间科学学院。

主持国家自然科学基金项目、国家科技重大专项课题等，获得省部级科技进步一等奖等多个奖项，在国内外发表科技论文五十余篇，出版多部专著。

课程简介

"地球与空间"是面向北京大学非地质与空间专业本科生开设的一门通识教育选修课程，目的在于培养同学们对地球科学的兴趣，增进大家对地球演化历史、行星空间等基础知识的了解，使同学们能够从科学的角度认识当前人类社会所面临的问题，如全球气候变化、能源问题等。本课程的地球部分重点围绕我们赖以生存的这颗美丽星球，介绍它的内部结构与演化历史、气候与能源问题、人类对地球科学的研究历程等内容，注重科学性与趣味性相结合。为了增进学生对地球科学的理解和掌握，提高课程内容的丰富程度和趣味性，在课程安排上增加了室内矿物与岩石实习、虎峪野外实习、参观地质博物馆等内容。

课程大纲

一、地球部分

第一讲　地球概况：结构、组成与基本特征

第二讲　地球是如何活动的？板块构造与地球动力学过程

第三讲　地球资源／能源形成与分布

第四讲　地球演化与全球气候变化

第五讲　实验室实习（1次，每组20人）：矿物、岩石特征与识别

　　　　参观地质博物馆（1次），并提交期中报告

　　　　视情况组织北京周边野外地质旅行

二、空间部分

第六讲　空间与天象概述

第七讲　地球高层大气，电离层与长距离通信

第八讲　地球磁层环境与人造卫星

第九讲　太阳与人类活动

第十讲　月球、太阳系行星与人类深空探测

附：地球部分活动概述（2017年秋节学期）

1.室内矿物与岩石实习

室内矿物与岩石实习主要结合课程内容，介绍常见的矿物和岩石种类，使学生基本掌握辨认生活中常见矿物和岩石的能力，感受到地球科学就在我们身边。

室内实习的内容经过了精心的设计，所选的矿物与岩石都是非常具有代表性的。经过连续两节课的观察与实践，同学们收获满满，掌握了摩氏硬度计的使用方法，也能够命名身边常见的矿物和岩石。就像一位同学所说的："此前与你有过那么多次擦肩而过，而这次，我终于能叫出你的名字。"

2.虎峪野外实习

"纸上得来终觉浅，绝知此事要躬行。"课堂上的知识要通过野外的实践才能变成真正的感受，地球科学也非常注重野外实践。课程安排的野外实习选在昌平区虎峪自然风景区，那里极具观赏性并富有教育意义，既有优美的自然风光，也完整保留了地球年轻时数亿年的历史，漫步走过，便可以亲眼看见地球数亿年演化留下的叹为观止的痕迹。正如一位同学赞美岩石时所说的："世界上最浪漫的事莫过于，我穿越了漫长的时间来到你身边，陪你看尽世间的桑田又沧海，沧海又桑田。"

3.参观地质博物馆

中国地质博物馆创建于1916年，在与中国现代科学同步发展的历程中，积淀了丰厚的自然精华和无形资产，以典藏系统、成果丰硕、陈列精美称雄于亚洲同类博物馆，并在世界范围内享有盛誉。藏有蜚声海内外的巨型山东龙、中华龙鸟等恐龙系列化石，北京人、元谋人、山顶洞人等著名古人类化石，以及大量集科学价值与观赏价值于一身的鱼类、鸟类、昆虫等珍贵史前生物化石；有世界最大的"水晶王"，巨型萤石方解石晶簇标本，精美的蓝铜矿、辰砂、雄黄、雌黄、白钨矿、辉锑矿等中国特色矿物标本，以及种类繁多的宝石、玉石等一批国宝级珍品，可谓"地博出品，必属精品"。此次参观主要围绕地球演化、矿物岩石、精品宝石、古生物化石等展开，是对地球科学知识"美"的升华，尤其是精美的宝石和壮观的古生物化石，"美得让人忍不住想多看几眼"。作为"地球与空间（地球部分）"的最后一课，地质博物馆参观是一次最美的谢幕。

参考书目

焦维新、傅绥燕编著：《太空探索》，北京大学出版社，2003。

焦维新、傅绥燕编著：《行星科学》，北京大学出版社，2003。

课程大纲
生物进化论 ①

顾红雅

教师介绍

顾红雅，北京大学生命科学学院教授，博士生导师。主要从事植物遗传多样性和演化研究、基因家族的功能和演化研究。承担 863、国家自然科学重点基金、国际合作等多项研究项目。在植物遗传及演化相关的国际刊物上发表论文 80 余篇；参与编著教材 3 部，科普专著 2 部，翻译教材 3 部。获北京大学第十七届"我爱我师——最受学生爱戴的老师"金葵奖，国家教委科技进步三等奖、中国科技协青年科技奖、国家教委优秀留学回国人员等奖项。

课程简介

课程将以达尔文的"自然选择"和"生命之树"为主线，重点介绍达尔文演化理论的要点，以及后人对达尔文理论的修订、补充和完善；介绍一些推动生物演化的主要力量，如遗传变异、自然选择、中性选择、遗传漂变等。同时还将介绍生物演化研究领域的各种方法和技术，并在此基础上借助丰富的实例对从远古的化石到现今多姿多彩的生物世界、从生物的形态改变到遗传物质的变化、从生物分子的起源到人类的起源等现象和问题进行解释。其实，与演化相关的很多问题并没有标准的答案，我们只有通过相互讨论和探讨，才能够更深入地理解问题，给出最合理的解释。所以在学习过程中，我们鼓励学生在论坛中踊跃发言

---

① 开课院系：生命科学学院。

及提问，互相帮助，共同提高。本课程将以大量的事实告诉大家：生物演化不仅仅是理论，而且是事实，它就发生在我们的身边。

课程大纲

第一讲　序言

地球上丰富多彩的生命由演化而来；生物和环境之间的关系、生物之间的关系并不是天生就有的，而是长期演化的结果。本节课将给大家看一些生物的图片，讲述一些发生在北大校园中生物之间的小故事，以及这些小故事背后的生物演化原理。重点介绍生物演化（evolution）的定义，以及为何最好将 evolution 翻译为"演化"而不是"进化"；简单介绍演化理论的发展史；介绍生物演化研究的特点。

【参考文献】

张昀编著：《生物进化》，北京大学出版社，1998，第 1—28 页。

Mark Ridley, *Evolution* (3rd edition) (Blackwell Scientific, 2004), pp.3－9.

Douglas Futuyama, *Evolution* (3rd edition) (Sinauer Associates, 2013), pp.1－5.

【拓展阅读】

科因：《为什么要相信达尔文》，叶盛译，科学出版社，2009。

第二讲　达尔文及拉马克的演化思想

法国博物学家拉马克（Jean-Baptiste Lamarck）、英国博物学家达尔文（Charles Robert Darwin）系统提出了生物演化的理论，本节课将对这两位伟大的生物演化学家的生平，以及他们所处的时代特点做一简介；重点介绍拉马克和达尔文的演化思想、他们演化理论的主要论点及其异同之处。

【参考文献】

张昀编著：《生物进化》，北京大学出版社，1998，第 29—33 页。

Mark Ridley, *Evolution* (3rd edition) (Blackwell Scientific, 2004), p.10.

Douglas Futuyama, *Evolution* (3rd edition) (Sinauer Associates, 2013), pp.6－8.

【拓展阅读】

达尔文:《物种起源（增订版）》，舒德干等译，北京大学出版社，2005。

第三讲　新达尔文主义及综合演化论

因所处时代科学发展的局限性，达尔文在其《物种起源》中提出的演化理论存在错误，特别是遗传机制方面。随着生命科学的发展，人们对生物遗传规律和机制的认识不断更新，科学家对达尔文的理论进行了修订和补充。本节课将重点介绍科学家对达尔文理论的第一次和第二次修订；介绍遗传学，特别是种群遗传学和分子生物学的新发现对演化理论发展的贡献；同时介绍种群中基因及基因型频率的变化规律，即Hardy-Weinberg 平衡公式的一些基本概念。

【参考文献】

张昀编著:《生物进化》，北京大学出版社，1998，第 36—38 页。

Mark Ridley, *Evolution* (3rd edition) (Blackwell Scientific, 2004), pp.14−70.

Douglas Futuyama, *Evolution* (3rd edition) (Sinauer Associates, 2013), pp.10−15.

【拓展阅读】

Douglas Futuyama, *Evolution* (3rd edition) (Sinauer Associates, 2013), pp.190−207, 245−267.

Proceedings of the Royal Society, 269(2002): 2141–2146.

Nature, 421(2003): 334.

Nature, 424(2003): 267.

Nature, 429(2004): 654−657.

Genome Research, 15(2005):1250−1257.

第四讲　自然选择及其类型

自然选择是达尔文演化理论的核心内容之一，它是驱动生物演化的主要力量。你如何去判断不同的选择形式？本节课将重点介绍自然选择的类型，如定向选择、稳定选择、间断选择、平衡选择等；但自然选择并不是驱动演化的唯一力量，本节课还将举例说明基因漂变是确实存在的，而基因流则是联系物种的最根本的形式。

【参考文献】

张昀编著：《生物进化》，北京大学出版社，1998，第108—113页。

Mark Ridley, *Evolution* (3rd edition) (Blackwell Scientific, 2004), pp.71−136.

Douglas Futuyama, *Evolution* (3rd edition) (Sinauer Associates, 2013), pp.282−294.

【拓展阅读】

Volpe, E. P. & Rosenbaum, P. A., *Evolutionary Analysis* (2nd edition) (Pretice-Hall, 2001), pp.47−72, 331−358.

Nature, 421(2003): 334.

Genome Research, 15(2005):1250−1257.

Current Biology, 17(2007): R795−R796.

第五讲　适应

自然选择的结果是生物对环境的适应，人们可以设计实验对适应进行研究。本节课主要介绍适应、适合度、选择系数等概念，并举例说明如何进行适应方面的研究；适应并不是十全十美的，适应是相对的；讲解为什么自然选择作用的主要"单位"是种群（population）；介绍自然选择的特例：族群选择，利他主义。本节课有师生互动环节，老师提出一些问题，同学予以回答，其他同学也可以提问和作答，类似于答辩。

【参考文献】

张昀编著：《生物进化》，北京大学出版社，1998，第104—107页。

Mark Ridley, *Evolution* (3rd edition) (Blackwell Scientific, 2004), pp.255−312.

Douglas Futuyama, *Evolution* (3rd edition) (Sinauer Associates, 2013), pp.295−307.

【拓展阅读】

Volpe, E. P. & Rosenbaum, P. A., *Evolutionary Analysis* (2nd edition) (Pretice-Hall, 2001), pp. 249−287.

Nature, 424(2003): 267.

Proceedings of the Royal Society, 269(2002): 2141−2146.

Genetics, 114(1986): 203−216.

第六讲　中性演化论提出的背景及该理论的主要内容

生物在自然界中遗传变异的程度如何？这些变异的物质基础和机制是什么？分子生物学的实验技术揭示了用达尔文理论不能解释的微观水平的现象，而中性演化理论的提出则很好地解释了这些现象。本节课重点介绍木村资生（Kimura Motoo）先生提出中性理论的时代背景，以及该理论的主要内容；其他科学家对木村理论的修订；分子演化的一些术语以及研究分子演化所用的生物特征。

【参考文献】

张昀编著：《生物进化》，北京大学出版社，1998，第 100—104 页，第 120—125 页，第 209—215 页。

Motoo Kimura, *The Neutral Theory of Molecular Evolution* (Cambridge University Press, 1983), pp. 25−33.

Wen-Hsiung Li, *Molecular Evolution* (Sinauer Associates, 1997), pp. 54−56.

【拓展阅读】

Ohta, T., "The Nearly Neutral Theory of Molecular Evolution," in *Darwin Heritage Today* (Higher Education Press, 2010), pp. 181−188.

第七讲　蛋白质演化速率

分子演化的速率是可以计算的：本节课将讲解蛋白质演化的一些基本概念，如什么是同义替代，什么是非同义替代；介绍如何计算氨基酸的平均替代数、氨基酸的平均替代速率；为什么有的蛋白质演化速率要快于另一些蛋白质。血红蛋白的氨基酸序列是人们最早用来计算蛋白质演化速率的，由此引出分子钟 (molecular clock) 学说；分子钟学说是有其局限性的。

【参考文献】

张昀编著：《生物进化》，北京大学出版社，1998，第 222 页，第 226—227 页。

Wen-Hsiung Li, *Molecular Evolution* (Sinauer Associates, 1997), pp.79−90.

【拓展阅读】

Motoo Kimura, *The Neutral Theory of Molecular Evolution* (Cambridge University Press, 1983) , pp.65-89.

Zuckerkandl, E. & Pauling, L.,"Evolutionary Divergence and Convergence in Proteins," in Bryson, V. & Vogel, J.,eds. *Evolving Genes and Proteins* (Academic Press, 1965), pp. 97-166.

Douglas Futuyama, *Evolution* (3rd edition) (Sinauer Associates, 2013), pp. 542-545.

Nature Reviews Genetics, 4(2003): 216-224.

第八讲　核苷酸演化速率

本节课将接着上节课的内容继续讲解如何进行核苷酸演化速率计算，如：什么是碱基的置换，什么是碱基的颠换；核苷酸位点的平均碱基替代数的计算，核苷酸平均替代速率的计算；如何验证基因演化是否符合分子钟规律。近十多年来，基因组的研究发展非常迅速，成果众多，本节课将讲述如何从基因组水平来研究生物演化，还将讲述这些研究给人们提供的信息：农作物的起源，人类健康问题等。

【参考文献】

张昀编著：《生物进化》，北京大学出版社，1998，第 222—225 页。

Wen-Hsiung Li, *Molecular Evolution* (Sinauer Associates, 1997), pp.59-76.

【拓展阅读】

Motoo Kimura, *The Neutral Theory of Molecular Evolution* (Cambridge University Press, 1983), pp. 90-97.

Hurst LD., "The Ka/Ks Ratio: Diagnosing the Form of Sequence Evolution," *Trend in Genetics*, 18(2002): 486-487.

Yang, Z. and Bielawski, J. P., "Statistical Methods for Detecting Molecular Adaptation," *Trends in Ecology & Evolution*, 15(2000): 496–503.（PAML: http://abacus. gene. ucl. ac. uk/software. html）

杨子恒：《计算分子进化》，钟扬等译，复旦大学出版社，2008。

Science, 300(2003): 321-324.

Nature, 467(2010):1060−1073.

Nature, 490(2012): 497−503.

Nature, 491(2012): 56−65.

Current Biology, 25(2015): 772−779.

第九讲　什么是物种及物种的形成

物种概念是个有争议的话题，是否存在物种这个实体？什么是物种？物种是如何形成的？物种以怎样的速度产生？本节课将重点介绍各种物种的主要定义，并讲述新物种是如何产生的：异域成种，连接域成种，同域成种；进而引出谱系的概念。达尔文提出物种形成是十分缓慢的过程，但一些地质年代发现的化石却表明物种形成的速度有时很快，我们如何解释这里面的矛盾？本节课还将介绍 Stephen Gould 教授的间断平衡学说提出的背景和主要内容。

【参考文献】

张昀编著：《生物进化》，北京大学出版社，1998，第 126—141 页。

Mark Ridley, *Evolution* (3rd edition) (Blackwell Scientific, 2004), pp.347−422.

Douglas Futuyama, *Evolution* (3rd edition) (Sinauer Associates, 2013), pp. 96−98, 459−475, 484−513.

【拓展阅读】

Gould, S. & Eldredge, N., "Punctuated Equilibrium: An Alternative to Phyletic Gradualism," in T. J. M. Schopf, ed., *Models in Paleobiology* (Freeman, Cooper and Company, 1972), pp.82−115.

Volpe, E. P. & Rosenbaum, P. A., *Evolutionary Analysis* (2nd edition) (Pretice-Hall, 2001), pp.403−430.

Science, 273(1996) (special issue on speciation).

Proc. Natl. Acad. Sci. USA., 94(1997) (special issue on speciation).

第十讲　物种的灭绝

物种有生就有灭，而物种的灭绝是一个沉重的话题。本节课将介绍物种灭绝的定义和类型，对一些物种灭绝的类型和原因进行举例分析，探讨灭绝的外部原因和内部原因，灭绝的规模，地球上几次大的物种灭绝事件及可能的原因，并提醒人们保护环境、保护野生物种的重要性。

【参考文献】

张昀编著:《生物进化》，北京大学出版社，1998，第 176—187 页。

Mark Ridley, *Evolution* (3rd edition) (Blackwell Scientific, 2004), pp.347−422.

【拓展阅读】

Volpe E. P. & Rosenbaum P. A, *Evolutionary Analysis* (2nd edition) (Pretice-Hall, 2001), pp.508−548.

爱德华·威尔逊:《生命的未来——艾米的命运，人类的命运》，陈家宽等译，上海人民出版社，2003。

《生命世界》，2004 年第 5 期（物种灭绝专刊）。

第十一讲　系统发生重建 —— 追溯生物的演化史

生命之树是达尔文演化理论的核心之一，人们可以根据这一原理重构生命之树。本节课将介绍以下内容：一些相关概念，如祖征、衍征、直系同源、并系同源等；趋同演化和平行演化的区别；构建系统发生树（演化树）的一些假设，如简约性原则、极性的确定等；构建系统发生树后如何进行评价；构建系统发生树时应注意的事项；从一个系统发生树上我们可以"读"出什么信息。本节课将利用一些实例说明系统发生树在实际生活中的应用，如：如何追踪病毒的来源？如何利用该原理判案？

【参考文献】

张昀编著:《生物进化》，北京大学出版社，1998，第 142—154 页。

Mark Ridley, *Evolution* (3rd edition) (Blackwell Scientific, 2004), pp.423−470.

Douglas Futuyama, *Evolution* (3rd edition) (Sinauer Associates, 2013), pp.96−98, 460−475, 25−50.

【拓展阅读】

Volpe E. P. & Rosenbaum P. A., *Evolutionary Analysis* (2nd edition), (Pretice-Hall, 2001), pp.437−464.

Nature, 339(1989): 389−392.

Nature, 358(1992): 495−499.

Science, 256(1992): 1165−1171.

Science, 264(1994): 671−677.

Proc. Natl. Acad. Sci. USA., 99(2002): 14292−14297.

Nature, 428(2004): 820.

第十二讲　生命的起源及演化

生命是如何起源的？这是一个千古难题。本节课将从生命的定义和地球的起源说起，介绍早期人们对生命起源的认识，推测生命起源的阶段，并用近年来科学家的一些实验对"是否可以人工制造生命"的话题进行讨论。还将介绍生物演化史早期的几次"辐射演化"（radiation），及其对生物演化理论的重要性；对线粒体的起源和叶绿体的起源进行讨论。

【参考文献】

张昀编著:《生物进化》，北京大学出版社，1998，第 41—99 页。

Mark Ridley, *Evolution* (3rd edition) (Blackwell Scientific, 2004), pp.347−422.

Douglas Futuyama, *Evolution* (3rd edition) (Sinauer Associates, 2013), pp.104−134, 529−554.

【拓展阅读】

Volpe E. P. & Rosenbaum P. A, *Evolutionary Analysis* (2nd edition) (Pretice-Hall, 2001), pp.507−548.

Lazcano, A., Miller S. L., "The Origin and Early Evolution of Life: Prebiotic Chemistry, the Pre-RNA World, and Time," *Cell,* 85(1996): 793−798.

Gould, S. J., *Wonderful Life – the Burgess Shale and the Nature of History* (Vintage, 2000).

郝守刚等编著:《生命的起源与演化》，高等教育出版社、施普林格出版社，2000。

第十三讲　鸟类的起源

鸟类的起源是一个争论了一百多年的话题，人们主要依靠化石的证据对这个问题进行研究，中国科学家为解决这方面的学说争议做出了很大的贡献。本节课将利用大量的化石证据展开对该问题的讨论：具有羽毛的恐龙的发现；鸟类飞翔的起源；早期鸟类的辐射演化。大量的化石证据表明，鸟类起源于兽脚类恐龙。

【参考文献】

Chatterjee, S., *The Rising of Birds* (Johns Hopkins University Press, 2015).

【拓展阅读】

Science, 346(2014):1253293, doi:10.1126/science. 1253293.

Current Biology, 24(2014): R751−3.

第十四讲　家养动物的起源，现代智人的起源

狗是人类的好朋友，大家都知道狗起源于狼，但起源于什么狼？哪儿的狼？何时起源的呢？人们从化石到基因组对这些问题进行了大量的研究，但至今仍争论不休。

现代智人的起源也是一个争议很大的话题，人们不仅利用了大量的化石，还利用了大量现代人基因组的信息，甚至是已灭绝的一些人属物种的基因组信息进行研究。本节课将重点介绍上述问题的最新进展，对一些有争议的问题进行讨论。人们发现最早的、可靠的类人猿的化石来源于非洲；多地域起源学说和近期非洲起源学说都有各自的证据，最近科学家们利用基因信息研究结果解决了一些问题，却也带来了更多的新问题。

【参考文献】

张昀编著:《生物进化》，北京大学出版社，1998，第228—245页。

Mark Ridley, *Evolution* (3rd edition) (Blackwell Scientific, 2004), pp.347−422.

【拓展阅读】

Volpe E. P. & Rosenbaum P. A., *Evolutionary Analysis* (2nd edition) (Pretice-Hall, 2001), pp.549−584, 639−680.

Science, 298(2002): 1610−1613.

Nature, 464(2010): 898−903.

Science, 342(2013): 871−874.

Proc. Natl. Acad. Sci. USA. 112(2015): 13639−13644.

Science, 349(2015): 931−932.

Nature, 444(2006): 330−336.

Science, 314(2006): 1113−1118.

Science, 318(2007): 1453−1455.

Science, 328(2010): 710−722.

Nature, 468(2010): 1053−1060.

Nature, 505(2014): 403−406.

Nature, 505(2014): 43−49.

Nature, 524(2015):216−219.

Nature, 526(2015): 696−699.

课程大纲
化学与社会：分子尺度看社会 [①]

卞　江

教师介绍

卞江，北京大学化学与分子工程学院副教授，中国化学会化学教育学科委员会委员。1989 年吉林大学化学系毕业，1992 年北京大学化学与分子工程学院硕士毕业，1995 年北京大学化学与分子工程学院博士毕业。1999—2000 年在加拿大蒙特利尔大学化学系访问。专业为无机理论化学，从事电子转移和质子转移的理论研究、分子基材料的理论研究。教授普通化学、化学与社会、大学化学等，曾获北京大学十佳教师、北京大学教学优秀奖等。

课程介绍

这是一门面向人文社科类本科生的理科通选课。课程的重点放在化学（有时候是科学）与人类社会紧密相关的领域，着重讲述化学与社会的交互促进。课程引入大量实例，使学生了解科学领域的进展以及这些进展与社会发展的互动关系。课程分为"化学与社会""化学与可持续发展"和"化学与生命"三个单元，共 9 章，详细介绍和讨论化学（个别地方是科学）与社会的紧密联系，将人文、社会与自然科学有机地联系起来，促使学生更好地理解科技时代下的社会面貌。

It is a chemical course for non-science majors, which focuses on the

---

① 开课院系：化学与分子工程学院。

· 自然与科技 ·

cross section between chemistry (occasionally science) and society. With the ample real-world examples, the students are introduced to the interplays of chemistry with human history, culture, and society. The course comprises 3 units (9 lectures), i. e. Chemistry and Society, Chemistry and Sustainable Development, and Chemistry and Life.

课程大纲

绪论

介绍课程内容、要求、考评方法。认识世界的三个途径，科学方法论以及化学学科基本情况。（2 学时）

【阅读】

伦纳德·蒙洛迪诺、迪帕克·乔普拉：《世界之战：科学与灵性如何决定未来》，梁海英译，中信出版社，2012。"第一章　两种视角下的世界观"。

单元一：化学与社会

1. 材料化学：文明基石

从考古学中人类历史的分期开始，进入到材料化学领域。围绕金属材料的种类和冶炼技术，探讨技术与社会发展的互动关系。（4 学时）

【阅读】

贾雷德·戴蒙德：《枪炮、病菌与钢铁：人类社会的命运》，谢延光译，上海世纪出版集团，2006。"前言　耶利的问题"；"第三章　卡哈马卡的冲突"；"第十三章　需求之母"。

2. 高分子化学：隐形巨人

任何事物都有其反面，这句话很适合描述高分子化学领域。这是个对经济和生活举足轻重的领域，但也给人们带来一些困扰。（2 学时）

【阅读】

莎伦·罗斯、罗尼·施拉格：《有趣的制造：从口红到汽车》，张琦译，新星出版社，2008。"防弹背心"；"隐形眼镜"；"光盘"；"橡胶圈"；"跑鞋"；"强胶"；"轮胎"。（任选一个）

· 142 ·

3. 纳米化学：当太阳再次升起

纳米时代的曙光已经出现，人们怀着欣喜而忐忑的心情迎接着一个全新时代的到来。（2学时）

【阅读】

迈克尔·克莱顿:《猎物》，严忠志、欧阳亚丽译，译林出版社，2009。"预言；开篇"；"第二部　沙漠"。

单元二：化学与可持续发展

4. 环境化学：重建伊甸园

我们对待自然环境的态度决定了人类以及地球的未来。所幸，一切都还来得及，如果我们从现在开始。（2学时）

【阅读】

贾雷德·戴蒙德:《崩溃：社会如何选择成败兴亡》，江滢、叶臻译，上海译文出版社，2008。"第十四章　为何有些人类社会会做出灾难性的决策"。

另，欣赏卢卡斯·克拉纳赫（Lucas Cranach）的名画:《伊甸园中的亚当与夏娃》。

5. 能源化学：隧道尽头的曙光

概述当前全球能源情况以及化学领域的最新进展。（2学时）

【阅读】

Mara Prentiss, *Energy Revolution: The Physics and the Promise of Efficient Technology* (The Belknap Press of Harvard University Press, 2015). Part I. Foundations of Renewable Future. 1.Overview of Renewable Energy.

6. 日用化学：与化学同行

常用日化产品的组成、功用和制造。（2学时）

【阅读】

莎伦·罗斯、罗尼·施拉格:《有趣的制造：从口红到汽车》，张琦译，新星出版社，2008。"口红"；"指甲油"；"防晒霜"。（三者任选一个）

单元三：化学与生命

7. 生物化学：我是谁?

人类的生物学和社会学的定义体现了人的双重属性，使得人类成为

这个星球上最不寻常和最难以理解的生物。（2 学时）

【阅读】

罗伯特·库尔茨班：《人人都是伪君子》，李赛、苏彦捷译，中信出版社，2013。"第一章 一贯的矛盾性"。

8. 医药化学：永生之道

以感冒药等若干常见药物为实例，介绍药物化学原理以及新药发现对社会生活的深刻影响。（2 学时）

【阅读】

劳里·加勒特：《逼近的瘟疫》，杨岐鸣、杨宁译，生活·读书·新知三联书店，2008。

9. 食品化学：厨房里的科学

龙虾加热后为什么变成红色？本章以食品的营养成份为线索，介绍与食品和烹饪有关的化学。（2 学时）

【阅读】

César Vega, Job Ubbink, Erik van der Linden. *The Kitchenas Laboratory: Reflections on the Science of Food and Cooking* (Columbia University Press, 2012). Ch. 20 Taste and Mouthfeel of Soups and Sauces. Ch. 22 Baked Alaska and Frozen Florida. Ch. 24 Sweet Physics. Ch. 25 Coffee, Please, But Not Bitters. Ch. 30 Molecular Gastronomy Is a Scientific Activity. Ch. 31 The Pleasure of Eating: The Integration of Multiple Senses. 任选一章阅读。

课程大纲
普通心理学 [①]

方方　李健　苏彦捷　包燕　毛利华　姚翔　钟杰

教师介绍

方方，北京大学心理与认知科学学院教授，博士生导师，院长，行为与心理健康北京市重点实验室主任。主要利用脑成像技术、心理物理学和计算模型研究视知觉、意识、注意和它们的神经机制。

李健，北京大学心理与认知科学学院研究员，博士生导师。主要从事人类强化学习、记忆和价值决策的认知心理和神经机制的研究。

苏彦捷，北京大学心理与认知科学学院教授，博士生导师。主要研究领域为发展心理学、比较心理学，关注心理能力的发生和发展特点及其规律。

包燕，北京大学心理与认知科学学院副教授，博士生导师。主要研究领域为认知神经科学、神经美学、注意、时间信息加工。

毛利华，北京大学心理与认知科学学院副教授。主要研究领域为认知神经科学、社会认知，以及计算机与心理学研究方法。

姚翔，北京大学心理与认知科学学院副教授，副院长，中国心理学会工业心理学分会理事。主要研究领域为现场干预的实施与效度验证。

钟杰，北京大学心理与认知科学学院副教授。主要研究方向为病理心理学、心理动力治疗。

---

① 开课院系：心理与认知科学学院。

课程简介

心理学是研究人类行为及心智过程的科学。作为一门概论性课程，普通心理学在课程内容上涵盖了心理学的各个主要领域，包括感觉与知觉、意识、学习与记忆、智力与心理测量、发展心理学、健康心理学、人格与动机、心理障碍与治疗及社会心理学。课程首先介绍什么是心理学、心理学的研究方法以及行为的生物学基础，并从生物、进化、认知和社会文化等视角对各子领域的基本概念、研究方法及重要的理论和发现进行介绍。

课程大纲

本课程内容分为 16 章，每章有 1—3 讲。本课程所提示的课程参考资料，必读部分是要求学生在课后阅读的；选读部分不做要求，仅供有兴趣的学生进一步参阅。

第一章　生活中的心理学

本章是课程的开篇，重点向大家讲授：（1）心理学的定义和目标；（2）现代心理学的发展；（3）心理学的主要观点。

【阅读文献】

1. William James, *The Principles of Psychology. (Vol. I; Revised edition)* （Dover Publications, 1950）. Chapter 1 The Scope of Psychology.

2. James McKeen Cattell, "The Psychological Laboratory at Leipsic," *Mind*, 13(1880): 37−51.（选读）

第二章　心理学的研究方法

本章介绍心理学的研究过程：形成待检验的假设和理论、使用科学方法收集和解释证据、报告研究发现。在此过程中，研究者通过标准化程序和使用操作性定义来防止观察者偏见，使用适当的控制程序排除其他可能的假设，使用实验法来考察变量间的因果关系，使用相关法来确定两个变量间是否相关以及有多大程度的相关。此外，本章还介绍心理测量的主要方法及动物和人类研究中的伦理问题。

【阅读文献】

1. Keith E. Stanovich, *How to Think Straight About Psychology* (10th Edition) (Pearson, 2012). Chapter1 Psychology Is Alive and Well (and Doing Fine Among the Sciences).

2. Henry K. Beecher, "The Powerful Placebo," *Journal of the American Medical Association,* 159(1955): 1602−1606.

第三章　行为的生物学和进化基础

本章主要介绍:(1)进化和遗传对人类心理和行为的影响;(2)神经元的活动及其信息传递;(3)脑与行为间的关系,包括神经系统的构成、半球功能一侧化、大脑可塑性等。

【阅读文献】

1. Gazzaniga, Michael. S, "The Split Brain in Man," *Scientific American,* 217(1967): 24−29.

2. Bouchard, T., Lykken, D., McGue, M., Segal, N., & Tellegen, A., "Sources of Human Psychological Differences: The Minnesota Study of Twins Reared Apart," *Science,* 250(1941): 223−229.

3. Rosenzweig, M. R., Bennett, E. L., & Diamond, M. C., "Brain Changes in Response to Experience," *Scientific American,* 226(1972): 22−29.(选读)

第四章　感觉和知觉

本章主要介绍:(1)知觉的任务及主要研究方法——心理物理学;(2)视觉:视觉系统的构成、视觉信息的传递、颜色知觉;(3)听觉:听觉系统的构成、音高理论、声音定位;(4)其他感觉:嗅觉、味觉、肤觉、前庭觉、动觉、痛觉等;(5)知觉组织过程:注意过程、知觉组织原则、运动知觉、深度知觉、知觉恒常性;(6)辨认与识别过程:自下而上与自上而下的加工、情境和期望的影响。

【阅读文献】

1. Hubel, D. H., & Wiesel, T. N., "Receptive Fields, Binocular Interaction and Functional Architecture in the Cat's Visual Cortex," *The Journal of Physiology,* 160(1962): 106−154.

2. Marr, D., & Poggio, T., *Cooperative Computation of Stereo Disparity: In From the Retina to the Neocortex* (Birkhäuser Boston, 1976) , pp.239−243.

3. Link, S. W, "Rediscovering the Past: Gustav Fechner and Signal Detection Theory," *Psychological science*, 5(1994): 335−340.

4. Fang, F., Boyaci, H., Kersten, D., & Murray, S. O., "Attention-Depend Representation of a Size Illusion in Human V1," *Current Biology*, 18(2008): 1707−1712.（选读）

第五章　心理、意识和其他状态

本章主要介绍：（1）意识的内容及研究方法；（2）意识的功能；（3）睡眠与梦，包括睡眠周期、睡眠的功能、睡眠障碍和梦的解释等；（4）意识的其他状态：清醒梦境、催眠和冥想；（5）改变心理的药物。

【阅读文献】

1. Aserinsky, E., & Kleitman, N., "Regularly Occurring Periods of Eye Motility, and Concomitant Phenomena, During Sleep," *Science*, 118(1953): 273−274.

2. Baars, B. J., "In the Theatre of Consciousness: Global Workspace Theory, a Rigorous Scientific Theory of Consciousness," *Journal of Consciousness Studies*, 4(1997): 292−309.

3. Cahn, B. R., & Polich, J., "Meditation States and Traits: EEG, ERP, and Neuroimaging Studies," *Psychological Bulletin*, 132(2006): 180.（选读）

第六章　学习与行为分析

本章介绍两种主要的学习形式：经典条件作用和操作性条件作用。在经典条件作用中，无条件刺激诱发无条件反应，一个中性刺激与无条件刺激配对，就变成了条件刺激，它所诱发的反应，称作条件反应。在操作性条件作用中，阳性和阴性强化使行为出现的概率增加，而阳性和阴性的惩罚使行为出现的概率减低。此外，本章还介绍了生物学因素和认知因素对学习的影响。

【阅读文献】

1. Watson, J. B., & Rayner, R., "Conditioned Emotional Reactions," *Journal of Experimental Psychology*, 3(1920): 1−14.

2. Skinner, B. F., "Superstition in the Pigeon," *Journal of Experimental Psychology: General*, 38(1948): 168−272.

3. Cahn, B. R., & Polich, J., "Meditation States and Traits: EEG, ERP, and Neuroimaging Studies," *Psychological Bulletin*, 132(2006): 180.

4. Bandura, A., "Influence of Models' Reinforcement Contingencies on the Acquisition of Imitative Responses," *Journal of Personality and Social Psychology*, 1(1965): 3−11.

第七章　记忆

本章主要介绍：（1）记忆的功能和记忆过程；（2）记忆的短时功用，包含映像记忆、短时记忆和工作记忆等；（3）记忆的长时功用，包括介绍编码和提取过程中的一些因素对记忆的影响，以及遗忘和元记忆等；（4）长时记忆的结构；（5）记忆的生物学基础。

【阅读文献】

1. Baddeley, A., "Working Memory: Looking Back and Looking Forward," *Nature Reviews Neuroscience*, 4(2003): 829−839.

2. Loftus, E. F., "Leading Questions and the Eyewitness Report," *Cognitive Psychology*, 7(1975): 560−572.

3. Squire, L. R., "The Legacy of Patient HM for Neuroscience," *Neuron*, 61(2009): 6−9.（选读）

第八章　认知过程

本章主要介绍：（1）研究者如何使用反应时来研究认知过程，以及有限的心理资源对心理过程的制约；（2）从生成和理解两方面考察语言的使用，并探讨进化和文化因素的影响；（3）视觉认知；（4）问题解决和推理，包括演绎推理和归纳推理两种形式；（5）判断决策，包括启发式决策和框架效应。

【阅读文献】

1. Kahneman, D., "Reference Points, Anchors, Norms, and Mixed Feelings," *Organizational Behavior and Human Decision Processes*, 51(1992): 296−312.

2. Kahneman, D., & Tversky, A., "On the Psychology of Prediction,"

Psychological Review, 80(1973): 237−251.

3. Baars, B. J. (ed.), *Experimental Slips and Human Error* (Springer US,1992), pp.129−150.（选读）

第九章　智力与智力测验

心理测量是用来检测人们的能力、行为和个性特质的测验程序。本章将回顾心理学家在智力测验领域为理解个体差异所做的贡献，介绍智力测验怎样操作、如何让测验有效，以及心理测量在社会中的应用。

【阅读文献】

1. Gardner, H., *Frames of Mind: The Theory of Multiple Intelligences*. (Basic Books, 2002), pp.3−74.

2. Neisser, U., Boodoo, G., Bouchard, T., Boykin, A., Brody, N., Ceci, S., Halpern, D., Loehlin, J., Perloff, R., Sternberg, R., & Urbina, S., "Intelligence: Knowns and Unknowns," *American Psychologist*, 51(1996): 77−101.

3. Sternberg, R. J., "468 Factor-Analyzed Data Sets: What They Tell Us and Don't Tell Us About Human Intelligence," *Psychological Science*, 5(1994): 63−65.（选读）

第十章　人的毕生发展

发展心理学是心理学的一个重要分支，它关注个体从受孕开始贯穿一生所发生的生理和心理机能的变化。本章概述如何研究发展，并描述人的一生在各个领域的发展变化，包括毕生的生理、认知发展和社会性发展，并包括语言获得、道德发展及成功、老化等问题。

【阅读文献】

1. Piaget, J., *The Development of Object Concept: The Construction of Reality in the Child* (Basic Books,1954), pp.3−96.

2. Kohlberg, L., "The Development of Children's Orientations toward a Moral Order: Sequence in the Development of Moral Thought," *Vita Humana*, 6 (1963): 11−33.

3. Flavell, J., "Piaget's Legacy," *Psychological Science*, 7(1996): 200−203.（选读）

第十一章　动机

动机是对所有引起、指向和维持生理和心理活动的过程的统称。本章主要介绍动机的概念、来源及需要层次理论，并着重讨论三种动机：饮食、性行为和个人成就动机。

【阅读文献】

1. Maslow, A., "A Theory of Human Motivation," *Psychological Review*, 50(1943): 370−396.

2. Masters, W. H., & Masters, V. J., *Human Sexual Response* (Bantam Books, 1986).（选读）

第十二章　情绪、压力和健康

本章主要介绍：（1）基本情绪与文化；（2）情绪理论；（3）生理应激反应和心理应激反应；（4）如何应对压力；（5）健康心理学及生物心理社会模型等。

【阅读文献】

1. Holmes, T. H., & Rahe, R. H., "The Social Readjustment Rating Scale," *Journal of Psychosomatic Research*, 11(1967): 213−218.

2. Ekman, P., & Friesen, W. V., "Constants across Cultures in the Face and Emotion," *Journal of Personality and Social Psychology*, 17(1971): 124−129.

3. Friedman, M., & Rosenman, R. H., "Association of Specific Overt Behavior Pattern with Blood and Cardiovascular Findings," *Journal of the American Medical Association*, 169(1959): 1286−1296.（选读）

第十三章　理解人类人格

人格或个性是一个人独特的、复杂的心理品质，它对个体行为的特征性模式具有独特的影响。人格理论对理解人格的结构、起源，以及基于人格测量对行为和生活事件的预测提供了假设。本章介绍主要的人格理论，并对这些理论进行了比较。

【阅读文献】

1. Rotter, J. B., "Generalized Expectancies for Internal Versus External Control of Reinforcement," *Psychological Monographs: General and Applied*,

80(1966): 1.

2. Murrey, H. A., *Exploration in Personality* (Harper and Row, 1938), pp.531–545.（选读）

第十四章　心理障碍

心理疾病或心理障碍是什么？它是如何发生的，如何解释其原因？本章首先介绍心理障碍的性质及其成因，并对焦虑障碍、心境障碍、人格障碍、精神分裂症以及儿童的心理障碍的主要类型、特征及成因分别进行介绍。

【阅读文献】

1. Rosenhan, D. L., "On Being Sane in Insane Places," *Science*, 179(1973): 250–258.

2. Freud, A., *The Ego and the Mechanisms of Defense* (International Universities Press, 1946).（选读）

3. Seligman, M. E., & Maier, S. F., "Failure to Escape Traumatic Shock," *Journal of Experimental Psychology*, 74(1967): 1.（选读）

第十五章　心理治疗

本章介绍主要的治疗学派——精神分析、行为主义、认知治疗、人本主义治疗和药物治疗，简介这些治疗方法的原理和应用，并对每种疗法的疗效进行评价。

【阅读文献】

1. Smith, M. L., & Glass, G. V., "Meta-analysis of Psychotherapy Outcome Studies," *American Psychologist*, 32(1977): 752–760.

2. Wolpe, J., "The Systematic Desensitization Treatment of Neuroses," *The Journal of Nervous and Mental Disease*, 132(1961): 189–203.（选读）

第十六章　社会心理学

社会心理学试图解释处于社会背景中的人类行为，其研究内容包括思维、情感、知觉、动机和行为如何受人与人之间相互作用的影响。本章首先介绍社会认知，即人们选择、解释和记忆社会信息的过程，随后讨论社会情境如何影响人们的行为方式，包括态度的改变与说服过程、偏见的形成，以及攻击和亲社会行为的形成及情境的影响。

【阅读文献】

1. Darley, J. M., & Latane, B., "Bystander Intervention in Emergencies: Diffusion of Responsibility," *Journal of Personality and Social Psychology*, 8(1968): 377−383.

2. Milgram, S., "Behavioral Study of Obedience," *Journal of Abnormal and Social Psychology*, 67(1963): 371−378.（选读）

3. Rosenthal, R., & Jacobson, L., "Teachers' Expectancies: Determinates of Pupils' IQ Gains," *Psychological Reports*, 19(1966): 115−118.（选读）

4. Festinger, L., *A Theory of Cognitive Dissonance*. (Stanford University Press, 1957).（选读）

参考书目

一、教材

理查德·格里格、菲利普·津巴多：《心理学与生活（第 19 版）》，王垒、王甦等译，人民邮电出版社，2016。

二、参考文献

William James, *The Principles of Psychology* (*Vol. I, II; Revised edition*) (Dover Publications, 1950).

罗杰·霍克：《改变心理学的 40 项研究（第 6 版）》，白学军等译，人民邮电出版社，2014。

课程大纲
实验心理学 [①]

吴艳红

教师介绍

吴艳红，1986 年毕业于北京大学心理学系（学士），1989 年毕业于河北师范大学教育系（硕士），1997 年毕业于北京大学心理学系（博士），任教于北京大学（1999 年至今）。主要利用质性研究、行为学方法以及功能性磁共振成像手段研究记忆、文化、自我和注意的认知神经机制。现任北京大学心理与认知科学学院副院长、学位委员会主任、教学委员会主任，行为与心理健康北京市重点实验室副主任，北京大学麦戈文脑研究所副所长，北京大学心理与认知科学学院和机器感知与智能教育部重点实验室教授，博士生导师。

课程简介

心理学是一门实验科学，心理学的各个分支都需要用实验方法来进行研究。实验心理学是心理学中关于实验方法的一个分支，因此可以说，实验心理学是各门心理学的基础。

实验心理学课程包括两个部分：理论课和实验课。实验心理学的教学目的可以概括为：为学生看懂心理学的实验报告以及将来自己进行科学实验研究打下基础，并通过实验心理学理论和实验的学习，基本获得独立设计心理学实验并分析研究结果的能力。因此，课程内容侧重介绍

---

① 开课院系：心理与认知科学学院。

经典实验的实验程序，即不仅介绍各心理过程研究的主要结果，而且还要让学生清楚这些结果是怎样从实验中抽取出来的。

为了满足上述教学目的，课程首先介绍实验方法、心理物理学方法、反应时等一般研究方法，然后选择注意、知觉、视听觉、记忆、思维、意识、心理语言学、情绪与归因等主要过程说明上述方法的应用。同时，通过实验心理学实验课中选用的实验来配合理论课的教学。实验课除了可以帮助学生深刻理解经典的心理学实验方法，还可以让他们熟悉一些随学科发展而涌现出的新的研究方法和技术，同时也培养学生独立从事心理学实验研究的能力以及科研论文的写作能力。实验心理学实验课包括30多个实验，内容涉及普通心理学演示实验、儿童心理学实验、基本心理能力的实验测定、经典心理学实验和认知心理学实验等5个部分。实验课对于培养学生的专业兴趣也是非常重要的。

在教学过程中，基于教学的效果和反馈，我们在不断地对教学内容进行系统调整。在原来的经典实验的基础上，我们在逐渐补充一些科研前沿领域的新课题，如意识研究、记忆错觉、语言的动窗研究等，选出一些比较稳定、成熟的实验范式来作为教学实验。

由于传统实验仪器不够精确，大部分实验仪器已被计算机取代，现在90%左右的实验是在计算机上完成的。所有实验的计算机程序都是实验室的老师和学生研制开发的，目前已形成了一套完整心理实验系统（包括60多个实验），心理实验系统也可以为教师和学生的科研工作提供支持。

在实验心理学课程的考核中，要求学生自己选择题目，独立设计实验，并根据得到的基本结果，充分利用统计分析等手段，完成一项实验研究。本课程将考察学生对实验研究方法及科学论文写作的掌握。

在学期末，组织学生讲解各自的研究结果，接受同学的评价，培养学生的学术报告能力。这一教学环节受到学生的普遍欢迎，他们不仅积极准备自己的报告，同时在听取别人报告的时候也能提出自己的观点和看法。

课程大纲

第一讲

理论课：引论

心理实验的各种变量的分类及应用；实验范式的定义及在心理学中的应用；心理学规律的性质；心理学理论和实验的关系。课程安排（分组、实验报告写作及要求等）。

实验（一）：心理实验中的各种变量

第二讲

理论课：实验设计

实验设计的要求；组间设计的定义、优缺点及应用；组内设计的定义、优缺点及应用；混合设计的应用；准实验设计的定义；中断时间序列设计；不等比较组实验设计；单被试实验设计；组研究和个体研究策略；非实验设计（观察法、访谈法、个案研究、问卷法、调查法等）。

实验（二）：自我参照效应，学习曲线

第三讲

理论课：实验设计、如何读和写实验报告

实验（三）：系列位置效应，棒框测验和镶嵌图形测验

第四讲

理论课：心理物理学方法

古典心理物理学方法：最小变化法、恒定刺激法和平均差误法的定义，实验程序（绝对阈限和差别阈限的测量），各种方法的优缺点及应用；信号检测论的原理及应用；心理量表的种类；韦伯定律；费希纳定律；斯蒂文斯定律。

实验（四）：最小变化法测量明度的差别阈限，信号检测论实验

第五讲

理论课：视知觉

视觉感受性；明视觉与暗视觉的特性；暗适应与光适应；觉察；定

位、解像与识别；CFF；颜色混合；听阈曲线；听觉掩蔽；等响曲线；空间听觉。

实验（五）：视觉拥挤，视觉适应

第六讲

理论课：视知觉

直接和间接知觉；意识和知觉（盲视）；形状知觉的拓扑学研究；前项掩蔽；后项掩蔽；关联后效；网膜相应点；视野单像区；潘弄（Panum's Areas）范围；大小恒常性的测量；月亮错觉。

实验（六）：轮廓整合，时间知觉

第七讲

理论课：反应时间、期中考试

反应时间的概念；ABC反应；减法反应时；加法反应时；开窗实验；影响反应时间的因素；反应时间作为因变量的优越性；反应时间的权衡；测量反应时间的注意事项。

实验（七）：简单、选择、辨别反应时，反应时作为因变量的优越性

第八讲

理论课：注意

单通道过滤器模型及其支持实验；衰减模型及其支持实验；反应选择模型及其支持实验；注意能量分配模型及其支持实验；注意的控制作用；注意的认知神经科学定义；注意的功能；注意的神经网络；注意的认知神经理论。

实验（八）：Stroop效应，注意瞬脱

第九讲

理论课：记忆

艾宾浩斯遗忘曲线；无意义音节；节省法；联想观点；巴特利特的研究；心理重建理论；瞬时记忆（部分报告法）；短时记忆容量、编码、提取和遗忘；系列位置效应；短时记忆和长时记忆分离的实验证据和质疑；负近因效应；加工层次理论；编码/提取范式；启动效应的概念和

测量方法；实验性分离现象；多重记忆系统的观点及支持实验；传输适当认知程序的观点及支持实验；构建记忆；记忆过程中的抑制。

实验（九）：内隐记忆，错误记忆

第十讲

理论课：社会认知

社会认知的记忆；移情；自我面孔识别；自我反思；合作；文化对知觉的影响。

实验（十）：内隐联想记忆，知觉匹配

第十一讲

理论课：脑认知（功能）成像技术与心理学研究、思维

问题解决的计算机模拟；思维的计算机模拟的局限性；中文屋剧情的思想实验；推理与工作记忆；内容与推理；推理与大脑；决策策略（代表性、可利用性和顺应）；概率判断及应用。

实验（十一）：概念形成，河内塔

第十二讲

理论课：心理语言学

言语产生；词汇理解；语句理解；篇章理解；语言习得与发展；阅读发展和阅读障碍。

实验（十二）：Moving Window 言语研究，句子类型与理解的关系（不同句型的理解速度）

第十三讲

理论课：意识

意识的概念（有意识觉察、较高级的官能、意识状态）；任务分离的研究范式；质的差异的研究范式；不注意视盲；运动诱发视盲；双眼竞争；持续闪烁抑制；意识的神经机制研究。

实验（十三）：连续闪烁抑制，运动诱发视盲

第十四讲

理论课：实验讨论及小组报告

个别差异的研究途径；个别差异的研究变量；研究举例。

第十五讲

理论课：实验讨论及小组报告

社会心理学的起源；社会心理学中的变量；实验主题与研究范式举例。

参考书目

一、主要参考书目

1. 朱滢主编：《实验心理学（第四版）》，北京大学出版社，2016。

2. 彼得·哈利斯：《心理学实验的设计与报告（第 2 版）》，吴艳红等译，人民邮电出版社，2009。

3. 约翰·肖内西、尤金·泽克迈斯特、珍妮·泽克迈斯特：《心理学研究方法（第 7 版）》，张明等译，人民邮电出版社，2010。

4. B. H. 坎特威茨、H. L. 罗迪格、D. G. 埃尔姆斯：《实验心理学——掌握心理学的研究（第 9 版）》，郭秀艳等译，华东师范大学出版社，2010。

5. Hugh Coolican, *Research Methods and Statistics in Psychology* (Hodder & Stoughton, 2009).

6. Robert L. Solso, Homer H. Johnson & M. Kimberly Beal, *Experimental Psychology: A Case Approach* (8th ed.) (Longman, 2007).

二、其他参考书目

7. 舒华、张亚旭：《心理学研究方法：实验设计和数据分析》，人民教育出版社，2008。

8. R. S. 武德沃斯、H. 施洛斯贝格：《实验心理学》，曹日昌等译，科学出版社，1965。

9. 朱滢主编：《心理实验研究基础》，北京大学出版社，2006。

10. Randolph A. Smith, Stephen F. Davis：《实验心理学教程：勘破心理世界的侦探（第三版）》，郭秀艳、孙里宁译，杨治良审校，中国轻工业出版社，2006。

11. Philip Banyard & Andrew Grayson, *Introducing Psychological Re-*

search: Sixty Studies That Shape Psychology (Macmillan, 1996).

12. Roger R. Hock, *Forty Studies That Changed Psychology: Explorations into the History of Psychological Research* (Prentice Hall, 1992).

13. Barry H. Kantowitz, Henry L. Roediger& David G. Elmes, *Experimental Psychology: Understanding Psychological Research* (5th, ed.) (West Publishing Company, 1994).

课程大纲
气候变化：全球变暖的科学基础 [1]

闻新宇

教师介绍

闻新宇，北京大学物理学院大气与海洋科学系副教授，2002 年毕业于北京大学物理学院大气科学系（学士），2007 年毕业于北京大学物理学院大气与海洋科学系（博士）。2007—2009 年在美国北卡罗来纳州立大学海洋、地球与大气科学系从事博士后研究工作。现主要从事现代气候变化、古气候及气候模拟方面的研究工作。

课程简介

全球变暖是当今全人类共同面对的最重要的科学问题之一。全球变暖问题得到了包括自然科学（大气科学、海洋科学、地理学）和社会科学（经济学、政治学）在内的多种学科的共同关注。

我们希望通过向全校学生介绍如何从自然科学角度出发，理解全球变暖的前因后果，来激发不同学科背景的本科生从不同的角度理解应对全球变暖的紧迫性。我们更希望让更多的不同背景的年轻人，认识并了解全球变暖的事实，并鼓励他们就如何应对全球变暖提出自己的看法，这不仅对他们今后的工作有正面的影响，而且对中国今后应对气候变化的决策有深远意义。这是我们的初衷。

本课程将紧紧围绕全球变暖的科学层面展开，包括如下内容：

---

① 开课院系：物理学院大气与海洋科学系。

（1）当前有关全球变暖的争论；（2）地球气候变化史；（3）当今全球变暖的事实；（4）未来全球变暖评估；（5）减缓全球变暖的对策与政策。

Global warming is one of the most challenging issues that humans are facing. The purpose of this course is to provide the comprehensive background and spread scientific understandings regarding climate change to the undergraduate students. We hope to encourage young generation to truly realize and understand this problem, so as to help make a difference in future policy making for our Earth. Welcome to choose this course in the fall semester of each year. We hope you enjoy this class.

We will focus on global warming problem, in terms of scientific issues and policy making. The main topics include: (1) Debate on global warming; (2) History of Earth's climate change; (3) Global warming facts; (4) Projection of future global warming; (5) Stop global warming−Techniques and Policy.

课程大纲

第 1 章　当前全球变暖的争论

1.1 问题的发现

1.2 温室效应

1.3 正方：IPCC 和 UNFCCC

1.4 反方：气候怀疑论者及其观点

1.5 双方的争斗

说明：这一章是以当前有关全球变暖的争论作为"开篇"，吸引学生关注这一问题。在展示正、反双方关于全球变暖问题的争论时，注意态度中立。用 2 次课完成（第 1 次 1.1—1.2，第 2 次 1.3—1.5）。

第 2 章　地球气候史

2.1 宇宙演化和太阳系的形成

2.2 地质尺度

2.3 板块尺度

2.4 轨道尺度

2.5 全新世气候变化

说明：按照五个时间尺度介绍地球气候演化的历史。其中地质尺度的重点是碳酸盐—硅酸盐循环，板块尺度的重点是极地位置假说；板块尺度的重点是 Milankovich 理论，全新世的重点是几次典型冷暖时期。用 5 次课完成（第 3 次 2.1，第 4 次 2.2，第 5 次 2.3，第 6 次 2.4，第 7 次 2.5）。

第 3 章　人类活动与全球变暖

3.1 人类工业文明与大气组分变化

3.2 观测证据：大气

3.3 观测证据：冰雪

3.4 观测证据：海洋

3.5 关键问题讨论

说明：这一章主要介绍自 1750 年以来人类工业化所导致的全球变暖的事实。分大气、海洋、冰雪等圈层分别介绍。最后辅以关键问题讨论，帮助学生辨识哪些关键证据是支持全球变暖理论的，又有哪些证据不支持。用 3 次课完成（第 8 次 3.1，第 9 次 3.2，第 10 次 3.3—3.5）。

第 4 章　未来气候评估

4.1 气候模式

4.2 未来 100 年排放情景的设计

4.3 未来 100 年气候评估

说明：这一章介绍科学界对未来（当前到 2100 年）气候变化的评估结果。帮助学生了解未来全球变暖将如何进一步演化。用 2 次课完成（第 11 次 4.1，第 12 次 4.2—4.3）。

第 5 章　阻止全球变暖

5.1 排放不平等的基本事实

5.2 源头性对策：外交谈判 + 新能源环保产业

5.3 后果性对策：地球工程技术

5.4 我们曾经成功

5.5 乐观与使命感

说明：这是一个关键但开放性的章节。主要介绍如何通过技术性手段和政策性手段来解决当前的全球变暖问题。这一章内容的准确传递，对培养未来代表中国在气候变化方面有积极作为的年轻一代非常重要！用 2 次课完成（第 13 次 5.1—5.2，第 14 次 5.3—5.5）。

参考书目

一、教材

1. 约翰·霍顿：《全球变暖（第四版）》，戴晓苏、赵宗慈等译，丁一汇校，气象出版社，2013。

2. 帕斯卡尔·阿科特：《气候的历史：从宇宙大爆炸到气候灾难》，李孝琴等译，学林出版社，2011。

二、参考文献

1. NIPCC, *Climate Change Reconsidered: The Report of the Nongovernmental International Panel on Climate Change* (2nd, ed.) (The Heartland Institute, 2016).

2. A. Kirby, *Climate in Peri: A Popular Guide to the Latest IPCC Reports* (UNEP, 2009).

3. 26 Leading Scientists, *The Copenhagen Diagnosis: Updating the World on the Latest Climate Science* (Elsevier, 2011).

三、经典阅读

1. Intergovernmental Panel on Climate Change, *Climate Change 2013 the Physical Science Basis: Working Group I Contribution to the Fifth Assessment Report of the Intergovernmental Panel on Climate Change* (Cambridge University Press, 2013) .

2.《第三次气候变化国家评估报告》编写委员会编著：《第三次气候变化国家评估报告》，科学出版社，2015。

课程大纲
地球与人类文明 [①]

陈　斌

教师介绍

陈斌，北京大学地理与空间学院副教授，任职于遥感与地理系统研究所。地理信息系统专业，主要研究领域为虚拟地理环境、空间信息分布式计算。主讲的本科生课程有"数据结构与算法 B""离散数学"，慕课"离散数学概论""地球与人类文明""虚拟仿真创新应用与实践"，主讲的研究生课程有"空间数据库""开源空间信息软件"。

课程简介

本课程结合虚拟现实、人机交互、智能移动计算等各项实验教学技术，展现地球演化过程和人类文明发展进程。鼓励学生结合自己专业知识，积极进行多角度的思考与交流，从而促使学生理解和掌握地球演化与人类文明之间的基本逻辑，并能积极思考人类文明未来发展之路。

课程大纲

第一讲　宇宙与地球起源（2学时）

简要介绍从宇宙大爆炸开始的物质演化，恒星、行星的形成，以及

---

① 开课院系：地球与空间科学学院。

地球的形成过程。

1. 宇宙的起源

2. 太阳系形成和组成

3. 地球和月球

【课堂报告】

各小组查找资料，分组讨论某个古文明对宇宙的认识。

【课后阅读】

科幻小说《最后的问题》。

第二讲　理解自然（2学时）

简要介绍地球诞生以后所经历的地质年代及其特征，以及大陆漂移对于生物进化的影响，理解自然及自然演化的一致性。

1. 人类的好奇心和想象力

2. 物种演化

3. 理解自然

4. 自然演化的一致性

【课后思考】

物种的演化是否有一个方向？智慧和文明的出现是演化的方向吗？

【课后阅读】

丁照:《理解自然——一个文明星球的形成》，清华大学出版社，2010。第1—3章。

【参考阅读】

凯文·凯利:《失控：机器、社会与经济的新生物学》，陈新武等译，新星出版社，2010。第1—2章。

第三讲　室内实验（一）：大陆漂移虚拟仿真实验（2学时）

通过对虚拟仿真环境中大陆漂移的年代、板块和生物种群等的操作与观察，加深对大陆漂移学说的认知。

【课后阅读】

尤瓦尔·赫拉利:《人类简史：从动物到上帝》，林俊宏译，中信出版社，2017。第一部分:认知革命。

【参考阅读】

凯文·凯利:《失控：机器、社会与经济的新生物学》，陈新武等译，新星出版社，2010。第3—4章。

第四讲　风的起源与演化（2学时）

介绍陆上最早的风，各地质年代风特征的推论，以及风对生物演化的影响。

1. 风的概述

2. 风的起源

3. 各地质时期的风

4. 风的演化证据

【课堂报告】

人择原理与人类文明；全球变暖对风和海水的影响及后果。

【课后阅读】

丁照:《理解自然——一个文明星球的形成》，清华大学出版社，2010。第5章。

【参考阅读】

凯文·凯利:《失控：机器、社会与经济的新生物学》，陈新武等译，新星出版社，2010。第7—8章。

第五讲　海水盐度的演化（2学时）

介绍大海演化和海水盐度演化过程，及其对地球环境和生物演化的影响。

1. 海水盐度的演化模式

2. 海水盐度的演化过程

3. 综合理解海水盐度演化

【课后阅读】

丁照:《理解自然：文明星球的形成》，清华大学出版社，2010。第5章。

【参考阅读】

凯文·凯利:《失控：机器、社会与经济的新生物学》，陈新武等译，新星出版社，2010。第7—8章。

第六讲　火与人类文明（2 学时）

介绍地球上火的演化，及其对于智慧出现的影响和必要性。

1. 火对文明起源的重要性

2. 人火之间最初媒介

3. 地球上火的演化

4. 人类对火的最初利用

5. 火的两重性

【课堂报告】

各古文明对火的崇拜；人类文明中火的进化：迈向最高的温度。

【课后阅读】

丁照:《理解自然——一个文明星球的形成》，清华大学出版社，2010。第 6—7 章。

【参考阅读】

凯文·凯利:《失控：机器、社会与经济的新生物学》，陈新武等译，新星出版社，2010。第 9—10 章。

第七讲　地球环境演化的一致性（一）（2 学时）

介绍四季昼夜、温度、氧和大气层对于生物演化和智慧出现的影响，介绍生态系统、声音与光照对于生物演化和智慧出现的影响。

1. 四季昼夜与人类文明起源

2. 温度：控制万物状态的基本因素

3. 氧气和大气层

4. 丰富的生态系统

5. 声音与可见光

6. 气候变异与人类能力的增长

【课堂报告】

物种大灭绝及其影响；人工生态系统演化与太空探索；生物视觉的演化。

【课后阅读】

尤瓦尔·赫拉利:《人类简史：从动物到上帝》，林俊宏译，中信出版社，2017。第二部分：农业革命。

【参考阅读】

凯文·凯利:《失控:机器、社会与经济的新生物学》,陈新武等译,新星出版社,2010。第11—14章。

第八讲 野外实习:北京西山虎峪野外实习（2学时）

野外观察综合的地质现象,通过对地层的认知,更深刻地认识不同地质年代的地层沉积、受力以及风等自然因素的侵蚀现象。

【课后阅读】

尤瓦尔·赫拉利:《人类简史:从动物到上帝》,林俊宏译,中信出版社,2017。第三部分:人类的融合统一。

【参考阅读】

凯文·凯利:《失控:机器、社会与经济的新生物学》,陈新武等译,新星出版社,2010。第15—16章。

第九讲 地球资源演化的一致性（二）（2学时）

介绍地球上水、土壤和平原等物质资源对于文明起源和发展的影响,介绍地球矿产等物质资源对于文明起源和发展的影响。

1. 水循环:文明起源的前提

2. 土壤:文明起源的桥梁

3. 平原:文明起源的摇篮

4. 矿产:大自然的馈赠

5. 两条物质链:能源与金属

【课后阅读】

丁照:《理解自然——一个文明星球的形成》,清华大学出版社,2010,第8—9章。

【参考阅读】

凯文·凯利:《失控:机器、社会与经济的新生物学》,陈新武等译,新星出版社,2010,第17—18章。

第十讲 室内实验（二）:显微镜和虚拟显微镜的观察（2课时）

通过显微镜观察矿物,加深对微观矿物的认知。而虚拟显微镜可以增强操作的熟练度,可将镜下观察情况共享。

【课后阅读】

丁照:《理解自然——一个文明星球的形成》,清华大学出版社,2010。第 10—11 章。

【参考阅读】

凯文·凯利:《失控:机器、社会与经济的新生物学》,陈新武等译,新星出版社,2010。第 19—22 章。

第十一讲　人类简史与未来(一)(2 学时)

探讨导致人类原始文明起步的自然演化链,以及宇宙中从生命到文明的基本演化模式;介绍人类中的一个分支如何组织为社会,并从起源之地遍布地球,占据物种中的统治地位。

1. 我们是谁?

2. 认知革命

3. 农业革命

【课后阅读】

尤瓦尔·赫拉利:《人类简史:从动物到上帝》,林俊宏译,中信出版社,2017。第四部分:科学革命。

【参考阅读】

凯文·凯利:《失控:机器、社会与经济的新生物学》,陈新武等译,新星出版社,2010。第 23—24 章。

第十二讲　人类简史与未来(二)(2 学时)

介绍大规模人类组织的发展和科学方法的出现。

1. 人类的融合统一

2. 科学革命

【课堂报告】

科幻电影(太空探索、人工智能、生物工程、气候变化、未来社会)中的人类思考。

【参考阅读】

杨承运主编:《地球环境社会》,高等教育出版社,2017。第 1—3 章。

第十三讲　文明的反噬和未来之路(一)(2 学时)

介绍地球与文明的复杂关系:地球造就了人类文明,但人类文明的高度发展反过来重创了地球，环境污染、资源枯竭、物种灭绝使地球陷入人造的危机。

【参考阅读】

杨承运主编：《地球环境社会》，高等教育出版社，2017。第4—6章。

第十四讲　文明的反噬和未来之路（二）（2学时）

介绍奇点理论，各种最前沿的科学技术将与人类互相推动、协同演化，讨论人类能否最终走向和谐的文明世界。

课程大纲
逻辑导论 [①]

陈　波

教师简介

陈波，北京大学哲学系、外国哲学研究所二级教授，人文特聘教授，博士生导师。专业领域为逻辑学和分析哲学。先后在芬兰赫尔辛基大学（1997—1998）、美国迈阿密大学（2002—2003）、英国牛津大学（2007—2008）、日本日本大学（2014 全年）做访问学者或从事合作研究，并多次应邀到日本及台湾、香港和澳门等地学术机构讲学。2018 年，当选为国际哲学学院（Institut International de Philosophie，缩写为 IIP）院士。其主要著作有：《分析哲学——批评与建构》（2018）、《逻辑哲学研究》（2014）、《奎因哲学研究——从逻辑和语言的观点看》（1998）、《悖论研究》（2016）、《理性的执著：对语言、意义和真理的探究》（2013）、《与大师一起思考》（2012）、《逻辑哲学》（2005）、《逻辑学十五讲》（2008）、《逻辑学导论》（2003）、《逻辑学是什么》（2002）等。

课程简介

本课程试图向学生传授关于逻辑学的一般观念，逻辑学发展到目前为止的大致的整体形象，一些最基本的逻辑技术和技巧，以及隐藏在逻辑技术背后的思想和精神。课程目标可分别从三个层面来谈。

[①] 开课院系：哲学系。

观念层面：讲清楚逻辑学研究什么、怎么研究，逻辑学的来龙去脉、目前状况和主要分支，使同学们对逻辑学有一个整体的轮廓性了解，给有兴趣进一步学习逻辑学的同学指明路径。

知识层面：传授一些具体的逻辑知识，主要是命题逻辑、词项逻辑、谓词逻辑的知识，也讲一点归纳逻辑和论证理论，并通过练习、作业、考试等环节，促使学生把知识转化成习惯和能力，以改善其日常思维。

素质层面：培养学生的理性精神。在遇到一个复杂、困难的问题时，先精确地确定问题之所在，把该复杂问题分解为多个相对简单的问题，逐个找出解决这些简单问题的可以操作的程序、模式、方法和准则，给出这些问题的解决方法，检验它们的真假对错，等等。简单地说，按程序操作，按规则办事，一步一步来。

课程大纲

第一章　逻辑是关于推理和论证的科学（6学时）

"逻辑"的词源和词义；逻辑学的历史和现状；逻辑学的对象：推理和论证。

命题分析和逻辑类型：语句、命题、陈述、判断与真值；复合命题和命题逻辑；直言命题和词项逻辑；个体词、谓词和量化逻辑；变异逻辑、应用逻辑和元逻辑。

推理形式及其有效性：推理的形式结构；推理形式的有效性；日常思维中的推理和论证。

逻辑学和理性精神：同一律、矛盾律、排中律、充足理由律。

【阅读材料】

陈波：《逻辑学导论（第三版）》，中国人民大学出版社，2014。第一章。

陈波主编：《逻辑学读本》，中国人民大学出版社，2009。第1—13页，亚里士多德：《矛盾律和排中律》；第51—58页，墨家：《小取》；第59—70页，荀子：《正名》。

第二章　命题逻辑（16 学时）

简单命题和复合命题：联言命题；选言命题；假言命题；负命题。

从日常联结词到真值联结词；真值形式、指派和赋值；否定；合取；析取；蕴涵；等值；日常语言中复合命题的符号化。

重言式及其判定方法：重言式、矛盾式和偶真式；真值表方法；归谬赋值法；树形图方法。

重言蕴涵式，推理的形式结构；重言等值式，置换规则。

命题逻辑的自然推理：PN 推演规则；PN 有前提推演；PN 定理及其证明。

【阅读材料】

陈波:《逻辑学导论（第三版）》，中国人民大学出版社，2014。第二章。

陈波主编:《逻辑学读本》，中国人民大学出版社，2009。第 26—47 页，斯多亚学派:《斯多亚残篇》；第 85—101 页，波爱修:《假言三段论》；第 119—124 页，奥卡姆:《论推理运算》；第 184—192 页，莱布尼茨:《通向一种普遍文字及其他》。

第三章　词项逻辑（12 学时）

直言命题的结构和类型；直言命题的主谓项关系（欧拉图）；直言命题间的对当关系；直言命题中词项的周延性。

直接推理：换质法；换位法；换质位法；对当关系推理。

三段论的定义、格与式；三段论的一般规则和特殊规则；三段论的还原与公理化；三段论的非标准形式。

直言命题的存在含义问题。

文恩图解法与三段论有效性的判定。

【阅读材料】

陈波:《逻辑学导论（第三版）》，中国人民大学出版社，2014。第三章。

陈波主编:《逻辑学读本》，中国人民大学出版社，2009。第 14—25 页，亚里士多德:《论三段论》；第 206—216 页，康德:《论分析判断和综合判断》；第 217—235 页，布尔:《论三段论、逻辑演算》。

第四章　谓词逻辑（12 学时）

个体词；一元谓词和性质、原子公式；量词和量化公式；自然语言中性质命题的符号化。

关系谓词、量词的重叠、重叠量化式；自然语言中关系命题的符号化；二元关系的逻辑性质和排序问题。

模型和赋值；普遍有效式、不可满足式和偶真式。

普遍有效式的判定问题：树形图方法；证明非普遍有效性的方法。

谓词逻辑的自然推理：QN 推演规则；QN 有前提推演；QN 定理及其证明。

【阅读材料】

陈波：《逻辑学导论（第三版）》，中国人民大学出版社，2014。第四章。

陈波主编：《逻辑学读本》，中国人民大学出版社，2009。第 249—265 页，弗雷格：《函数和概念》；第 284—293 页，罗素：《摹状词》；第 351—358 页，塔斯基：《逻辑后承的概念》。

第五章　归纳逻辑（2 学时）

简单枚举法：什么是简单枚举法？变化形式：科学归纳法；极限形式：完全归纳法。

排除归纳法：因果关系的特点；求同法；求异法；求同求异并用法；共变法；剩余法。

类比推理：模拟方法；比较方法。

假说演绎法：起点：问题和困境；形成假说：溯因推理；从假说推出观察结论；验证假说：证实和证伪；科学假说的评价标准。

归纳方法是合理的吗？休谟问题及其解决；三个归纳悖论。

【阅读材料】

陈波：《逻辑学导论（第三版）》，中国人民大学出版社，2014。第五章。

陈波主编：《逻辑学读本》，中国人民大学出版社，2009。第 236—248 页，密尔：《论归纳法的根据》；第 193—205 页，休谟：《归纳问题》；第 411—419 页，金岳霖：《归纳原则和先验性》。

第六章　非形式逻辑（学生自学）

定义理论：词项的内涵和外延；定义的结构；定义的种类；定义的规则；定义的作用。

论证理论：论证的识别；论证的评价；论证的建构。

谬误理论：形式谬误；非形式谬误。

【阅读材料】

陈波：《逻辑学导论（第三版）》，中国人民大学出版社，2014。第六章。

陈波主编：《逻辑学读本》，中国人民大学出版社，2009。第48—50页，公孙龙：《白马论》；第125—143页，布里丹：《诡辩命题11—20》；第181—183页，李之藻：《〈名理探〉序》。

参考书目

一、教材

1. 陈波：《逻辑学导论（第三版）》，中国人民大学出版社，2014。

2. 陈波主编：《逻辑学读本》，中国人民大学出版社，2009。

3. 陈波等编著：《〈逻辑学导论〉（第二版）教学辅导书》，中国人民大学出版社，2006。

二、参考文献

1. 欧文·M. 柯匹、卡尔·科恩：《逻辑学导论（第11版）》，张建军、潘天群等译，中国人民大学出版社，2007。

2. 赫尔利：《简明逻辑学导论（第10版）》，陈波等译，世界图书出版公司，2010。

3. 布朗、基利：《走出思维的误区》，张晓辉、王全杰译，中央编译出版社，1994。

4. 金岳霖主编：《形式逻辑》，人民出版社，1979。

5. 周礼全主编：《逻辑——正确思维和成功交际的理论》，人民出版社，1994。

6. 吴家国主编：《普通逻辑（第四版）》，上海人民出版社，1993。

7. 陈波：《逻辑学是什么（第二版）》，北京大学出版社，2015。

8.陈波:《逻辑学十五讲》,北京大学出版社,2008。

9.陈波:《逻辑哲学》,北京大学出版社,2005。

10.陈波:《思维魔方:让哲学家和数学家纠结的悖论》,北京大学出版社,2014。

课程大纲
普通统计学 [①]

耿 直

教师介绍

耿直，北京大学数学科学学院概率统计系教授，北京大学统计科学中心联席主任。曾担任中国应用统计学会主席、中国概率统计学会副会长、国际统计学会推选委员以及许多著名期刊的编委。研究领域主要集中在因果推断、因果网络，在国际顶尖统计学期刊上发表了众多高水平的论文。

课程简介

本课程是面向全校文科和理科的本科生开设的一门统计学课程。

统计学是收集、整理和分析数据的科学和艺术，本课程教授学生基础的统计概念和方法，指导学生应用相关的统计软件处理数据，培养其解决实际问题的能力。

课程主旨

统计学是研究如何搜集和分析数据的一门方法论科学。统计学是人类认知自然和社会的工具，当代科研工作者应该学会应用统计方法解决他们在各自学科领域和国民经济建设中遇到的实际问题。

[①] 开课院系：数学科学学院。

希望学生通过本课程的学习，了解统计学的基本思想和方法。

上课方式

1. 本课采取大班授课。
2. 每周一上课时间交作业和发作业，每位同学须按时提交作业。

考核方式

1. 按时完成平时作业，作业成绩占总成绩的 40%，即 40 分。
2. 没有期中考试；期末采用闭卷考试，成绩 60 分。

课程大纲

第一讲　统计学：随机性和规律性
第二讲　数据的收集
第三讲　数据的描述：图和表
第四讲　数据的描述：计算汇总统计量
第五讲　概率
第六讲　统计推断：估计
第七讲　统计推断：假设检验
第八讲　变量间的关系
第九讲　两个分类变量的分析
第十讲　两个数值变量的回归分析和相关分析
第十一讲　一个分类变量和一个数值变量的方差分析
第十二讲　两个顺序变量的秩分析方法
第十三讲　多元分析
第十四讲　日常生活中的统计

课程预备知识

面向文科和理科的本科生，没有其他课程知识的要求。

指定教材

1. 埃维森等:《统计学：基本概念和方法》，吴喜之等译，高等教育出版社、施普林格出版社，2000。

2. 方开泰、彭小令:《现代基础统计学》，高等教育出版社，2014。

参考书目

1. 陈家鼎等编:《概率统计讲义》，人民教育出版社，1980。

2. David Freedman 等:《统计学（第二版）》，魏宗舒等译，中国统计出版社，1997。

3. 戴维·S.摩尔:《统计学的世界（第五版）》，郑惟厚译，中信出版社，2003。

课程大纲
矿产资源经济概论 ①

朱永峰

教师简介

朱永峰，莫斯科大学博士，北京大学地球与空间科学学院教授。2004年至今任教于北京大学地球与空间科学学院。2008年至今任地球化学研究所所长。研究领域为矿床地球化学、元素地球化学。出版教材和学术专著6部，发表学术论文150多篇，SCI引用2400多次，连续3年入选Elsevier中国高被引学者（Most Cited Chinese Researchers）榜单。

课程简介

矿产资源是一种基本的生产资源和劳动对象。到了信息社会和知识经济时代的今天，70%的农业生产资料仍然与矿产资源有关，80%以上的工业用原料来自矿产资源。20世纪60年代以来，人类对矿产资源开发和利用的量急剧增长。矿产资源在现代工业生产和国民经济发展中越来越重要。不仅如此，矿产资源的开发利用对国家安全的重要性也逐渐得到各国政府的认同，从而给矿产资源这个纯粹的商品赋予了一定的政治色彩。随着经济全球化的发展，一国经济的生存和发展受国际政治经济的影响越来越大。主权国家对本国经济的运行和发展实施有效控制和保护的能力实际上在减弱，以往隶属于国家范畴的决策，日益改由一

---

① 开课院系：地球与空间科学学院。

些国际原料协会和国际机构定夺。

　　矿产资源的开发利用与一个国家和民族的发展与强盛关系非常密切。矿产资源不仅是国民经济发展的基础，同时也一直是国际政治斗争的工具和重大战争的驱动力。所以，矿产资源经济学所面临的研究对象除了矿产资源及其本身的经济价值之外，还涉及国际政治、国际贸易、法律、地理人文环境等多个领域。矿产资源的开发利用是人类有意识的一种社会经济活动，它不仅受矿产资源状况的制约，更受当时的经济技术水平、各个国家和地区的法律以及环境保护条例等众多因素的限制。矿产资源经济学家不仅要在发现和开采矿产资源的基础上告诉人们如何能最佳地利用和分配矿物原料、如何能避免浪费、如何能将给环境造成的负担保持在一定的限度内，更重要的是为一个国家或者地区的资源开发和利用在全球经济一体化的情况下提供明确而切实可行的政策资讯，在瞬息万变的国际政治和经济舞台上保护本国与矿产资源有关的经济和政治利益。

课程大纲

第一讲　矿产资源与社会发展
矿产资源的国民经济意义、形成矿产的地质基础等（2 学时）

第二讲　黄金的经济学 I
黄金的市场及其经济地位（2 学时）

第三讲　黄金的经济学 II
黄金的市场及其经济地位（2 学时）

第四讲　矿物原料市场
市场结构与市场形态，矿产资源管理政策的规划与社会问题，矿业形势分析（2 学时）

第五讲　金属矿产资源
黑色金属、有色金属、稀有金属、贵金属（2 学时）

第六讲　关键金属（2 学时）

第七讲　能源与能源需求

煤炭、石油、天然气、普罗米修斯之火（2学时）

第八讲　矿产资源与国家安全问题

矿产资源是国家安全与经济发展的重要保证（2学时）

第九讲　海洋中的矿产资源

进军蓝色的海洋，争夺生存空间和资源（1学时）

第十讲　矿产资源开发利用与环境问题

矿产资源回收利用问题、矿产资源开发与环境问题（2学时）

第十一讲　人与地球

人类从地球获得得以生存和发展的资源及环境，人与地之关系不断演变（2学时）

课堂研讨

针对课堂上的一些关键问题集中研讨（8学时）

在课堂讲授的基础上，组织课堂研讨，要求学生就有关主题开展分析研究，并有针对性地设计一些辩论专题，供课堂辩论，达到提高教学效果的作用。重点研讨的问题包括近年的热点矿产资源问题和资源政治矛盾等，例如稀土资源的国际争端、钢铁企业兴衰的国际贸易战、石油天然气供应与开采对国际政局的影响等。将给学生提供一些相关文献，包括在国际著名学术期刊 *Resources Policy*、*Economic Geology* 等上发表的最新论文，以培养学生的国际视野，同时提升同学们的英语阅读能力。通过讲述和研讨矿产资源在国民经济中的地位以及国际政治斗争与掠夺矿产资源的实例，分析大国崛起与目前国际政治动荡的现状及其与争夺矿产资源的关系，引导同学们认识国际政治与矿产资源之关系的本质，探索中华民族和平崛起和人类共同发展的理念。每次课堂讲授过程中，将安排一些讨论环节，就一些讲到的关键问题开展讨论，通过提问和学生回答，发现同学们对该问题理解的差异，分析该问题的复杂性，凝练出核心思想，达到寓教于乐、教学相长之目的。对同学们的演讲进行点评，并邀请其他同学就该同学的演讲发表评论。

课程指定教材

朱永峰编著：《矿产资源经济概论》，北京大学出版社，2007。

考核方式

平时成绩（包括课堂讨论，30%）、期中成绩（课堂考试，20%）、期末读书报告（50%）。

期末读书报告详细要求

基本要求：图文并茂，3000—8000 字，附图 1—3 幅（或者数据表）。

选题要求：与矿产资源经济相关。例如资源经济评价、资源经济与国际政治风云、矿产资源与国际贸易、矿产资源法与地方经济发展、矿产资源开发与环境保护之关系等。学生可以任选一个方面，确定主题，到图书馆或者在网上收集相关资料，围绕主题进行论述，最后整理成读书报告。报告的最后要列出参考文献（包括网页地址）。独立完成，文责自负。

课程大纲
普通生物学 ①

佟向军

教师介绍

佟向军，北京大学生命科学学院教授，博士生导师，分别于 1992 年、1995 年、1998 年获得北京大学生命科学学院细胞生物学专业学士、硕士、博士学位。1998 年至 1999 年于日本东京大学医学部从事博士后研究，1999 年至 2002 年于美国洛杉矶加州大学医学院从事博士后研究。主要研究斑马鱼内部器官的形成，尤其是心血管系统的发育，并以此为基础，研究人类先天性心脏病的发病机理。担任教育部基础生物科学教学指导委员会秘书长，全国中学生生物竞赛委员会委员，在基因、遗传等领域有很高的建树，著述颇丰，是教育部"新世纪优秀人才支持计划"入选者，首都教育先锋教学创新先进个人，曾获得霍英东青年教师奖、北京大学教学优秀奖等多项荣誉。

课程简介

欢迎选修"普通生物学（A）"。生命是自然界最辉煌的创造，是大自然最伟大的奇迹，是物质存在的最复杂形式，生命科学也因之妙趣横生，生命的奥秘是 21 世纪最充满诱惑的探索方向。希望大家的学习能成为探寻自然、陶冶身心之旅。

---

① 开课院系：生命科学学院。

考核方式

本课程考试分为三部分。

一、参观报告（10分）

参观下列博物馆中的至少一个，写一篇参观报告，600字以上即可。要求包括：1.本人与博物馆的合影；2.简要描述博物馆的布展情况，说明布展所依据的生物学原理；3.详述某个展厅或某件展品，重点突出其中体现的生物学原理。

候选博物馆：中国科学院动物研究所动物博物馆、自然博物馆、周口店北京人遗址博物馆、古脊椎动物与古人类博物馆。

二、论文翻译（30分）

1. 选取范围：2016—2017年发表在如下杂志上的一篇研究论文或综述（应包含摘要和插图），要求与生物学、医学或农学有紧密联系。

2. 翻译要求：阅读全文，并翻译除人名、材料方法、参考文献、致谢和Supplementary之外的全部内容。尽量客观，保留原文的全部信息，但不必逐字逐句翻译。无法直译的专有名词保留原文。可以括号标注自己的疑问或评价。

杂志列表：

Nature

Nature Biotechnology

Nature Cell Biology

Nature Chemical Biology

Nature Communications

Nature Genetics

Nature Immunology

Nature Medicine

Nature Methods

Nature Neuroscience

Nature Structural and Molecular Biology

Nature Reviews

Science

Cell

Cancer Cell

Cell Metabolism

Cell Stem Cell

Immunity

Neuron

Molecular Cell

Developmental Cell

New England Journal of Medicine

Lancet

三、期末考试

闭卷，60分。

课程大纲

绪论——生命科学的世纪（2 学时）

1. 从基因工程到干细胞——生命科学改变了人类社会

2. 生命中的数学原理和物理原理

3. 人的生物学本质对社会学行为的深远影响

【参考资料】

Richard Dawkins, *The Selfish Gene* (Oxford University Press, 1976).

第一章　生命的基础——从分子到细胞（12 学时）

第一节　生命的化学基础（4 学时）

1. 生命由普通的化学元素组成

2. "人是水做的"

3. 我们为什么不能吃草——糖类的组成

4. 不仅是脂肪这么简单——脂类的作用

5. 三聚氰胺惹的祸——蛋白质的组成

6. 一度被轻视的遗传物质——核酸

【参考资料】

王镜岩等主编:《生物化学》,高等教育出版社,2002。

第二节 生命的基本单位——细胞(4学时)

1. 有核还是无核——原核细胞和真核细胞

2. 如何制造消化液——主要细胞器、细胞骨架和蛋白质的分选

3. 如何制造pH=1的胃酸——物质的跨膜运输

4. 视觉怎样产生——细胞的信号传递

5. 分裂还是不分裂——细胞周期的调控

【参考资料】

翟中和等主编:《细胞生物学》,高等教育出版社,2007。

第三节 生命活动的维持——能量代谢(4学时)

1. 生命活性的体现——酶

2. 从面包中提取能量——细胞呼吸

3. 减肥怎么这样难——糖、脂类、蛋白质和核酸的代谢整合

4. 从太阳获取食物——光合作用

5. 小麦还是玉米?——C_3植物与C_4植物

【参考资料】

王镜岩等主编:《生物化学》,高等教育出版社,2002。

第二章 生命的延续——不朽的基因(14学时)

第一节 修道院后花园结出的硕果——遗传学的诞生(2学时)

1. 孟德尔的遗传因子

2. O型血的人生出AB型的女儿——孟德尔定律的扩展

第二节 遗传的染色体学说(2学时)

1. 摩尔根的白眼睛果蝇

2. 决定性别的复杂方式和我们的Y染色体

3. 在染色体上排列基因——连锁-交换律和染色体作图

4. 从无籽西瓜到唐氏综合征——染色体的变化与遗传变异

【以上两节参考资料】

戴灼华等主编:《遗传学》,高等教育出版社,2016。

第三节 遗传的分子基础(4学时)

1. 蛋白还是核酸——遗传物质的困惑

2. 如何从父母得到基因——DNA 的复制

3. 遗传信息走出细胞核——RNA 的转录与加工

4. 我们的基因是断裂的

5. 破译生命"天书"——蛋白质翻译与遗传密码

6. 神经元和皮肤细胞为什么不同——基因表达的调控

【参考资料】

王镜岩等主编:《生物化学》,高等教育出版社,2002。

朱玉贤等编著:《现代分子生物学（第4版）》,高等教育出版社,2013。

第四节　遗传物质的改变与疾病（3学时）

1. 从白化病说起——基因突变

2. 猝不及防的变故——动态突变（三核苷酸重复）

3. 血友病与欧洲王室的悲哀——可移动的 DNA

4. 糖尿病遗传吗——单基因遗传病与多基因遗传病

5. 体细胞基因突变的恶果——癌、癌基因和抑癌基因

【参考资料】

戴灼华等主编:《遗传学》,高等教育出版社,2016。

翟中和等主编:《细胞生物学》,高等教育出版社,2007。

第五节　基因工程技术（3学时）

1. DNA "裁缝"——基因工程的操作

2. 1000 磅牛胰脏和 2 升发酵液——基因工程技术的应用

3. 摸清我们的"家底"——人类基因组计划

4. 与黑猩猩差异 1%？——人类基因组的特征及其与其他物种的比较

5. 生辰八字不科学，现在我们用基因图谱——基因组计划的深远影响

【参考资料】

Leland H. Hartwell et al., *Genetics：From Genes to Genomes* (Mc-Graw Hill, 2008).

第三章　从细胞到个体——动物的发育（8学时）

第一节　受精作用和胚胎发育（4学时）

1. 卵子的嫁衣与精子的连体——生殖细胞的形成

2. 有且只有一个精子进入——顶体反应与皮层反应

3. 身体形态的形成——从卵裂到胚层

4. 头上长腿的果蝇——发育的分子机制

第二节 细胞的分化（3 学时）

1. 细胞都表达什么基因——看家基因与奢侈基因

2. 一个细胞变成一株幼苗——植物细胞的全能性

3. 克隆羊——动物细胞的全能性

4. 修复你的器官——干细胞

【以上两节参考资料】

Muller W. A.:《发育生物学》，黄秀英等译，高等教育出版社、施普林格出版社，1998。

张红卫主编:《发育生物学》，高等教育出版社，2001。

翟中和等主编:《细胞生物学》，高等教育出版社，2007。

第三节 细胞衰老（1 学时）

1. 细胞会老吗——Hayflick 界限

2. 早老症与衰老基因

【参考资料】

翟中和等主编:《细胞生物学》，高等教育出版社，2007。

第四章 生命的起源与演化（6 学时）

第一节 生命的起源（2 学时）

1. 无中生有——生命的化学演化

2. 蓝藻的功绩——地球的生命史

第二节 生命演化的机制（2 学时）

1. 改变人类思想的一次旅行——达尔文学说

2. 神龟虽寿，犹有竟时——现代综合论

3. 石破天惊的中性学说

4. 恐龙、恐龙——大进化中的物种爆发与绝灭

第三节 人类的起源与演化（2 学时）

1. "被"孤独的人——人的分类学地位

2. 谁是我们的源头——人类的进化历程

3. 北京猿人是我们的祖先吗——现代人的单起源论与多起源论

4. 人种和人类迁徙

【参考资料】

张昀编著：《生物进化》，北京大学出版社，1998。

第五章　生命的多样性（6 学时）

第一节　生物分类（1 学时）

1. 生物学家的金字塔——生物分类系统和分类等级

2. 卷心菜与菜花——物种与种的命名

第二节　病毒与细菌（1 学时）

1. 蛋白质外壳里的坏消息——病毒

2. 蛋白质的链式反应——朊粒与疯牛病

3. 细菌、细菌性传染病与抗生素

第三节　原生生物界、真菌界、植物界和动物界（4 学时）

1. 从疟疾和青蒿素说开去——原生生物

2. 酵母与蘑菇——真菌

3. 苔藓为什么长不高——植物的演化

4. 从水母到人——动物的演化

【参考资料】

周云龙主编：《植物生物学（第四版）》，高等教育出版社，2016。

许崇任、程红编著：《动物生物学（第二版）》，高等教育出版社，2013。

参考教材

1. 吴相钰等主编：《陈阅增普通生物学（第 4 版）》，高等教育出版社，2014。

2. 高崇明主编：《生命科学导论（第 3 版）》，高等教育出版社，2013。

3. 陈阅增主编：《普通生物学——生命科学通论》，高等教育出版社，1997。

4. N. A. Campbell, J. B. Reece & L. G. Mitchell，*Biology* (7th edition) (Pearson Education Inc., 2005).

课程大纲
演示物理学 ①

穆良柱　李湘庆

教师简介

　　穆良柱，北京大学物理学院普通物理教学中心副教授，主要从事普通物理教学工作，主要研究方向为物理认知过程及其应用。2016 年被学生评选为北大十佳教师。

　　李湘庆，北京大学物理学院副教授，研究方向为中子能谱测量在聚变能源方面的等离子体诊断应用、反转岛区放射性核束的 β 衰变、A ～ 150 区高自旋态。教学工作为从事普通物理教学辅导和讲授，并助教演示物理学；讲授本科生医学部普通物理（2007 年至今）和演示物理学（2009 年至今），研究生环形等离子实验基础和文献阅读课程。

教学目的

　　什么是物理学？物理学是物理学家采用实验和理论相结合的方法对整个自然界的客观对象进行有效认知的积累，这些认知至少要符合可证伪性的要求。物理学按照研究对象区分为广义物理学和狭义物理学。广义物理学的研究对象为自然界中的任何客观物质，其实广义物理学就是自然科学。狭义物理学的研究对象为自然界的基本组分和基本相互作用。物理学家信仰世间自然界内部存在普遍联系，可以由统一的物理模型和理论加以解释，并为此努力。

---

① 开课院系：物理学院。

　　什么是物理学方法？物理学方法就是物理学家认知的方法，简单说就是物理学家怎么"做事"，如分类法、极端简化法、还原论方法、主次法、极端条件法、类比法、转换法、控制变量法、理想模型法、数理逻辑、简单归纳、猜想法、特例法等等。

　　什么是物理学精神？物理学精神就是物理学家在认知过程中形成的独立人格精神，简单地说就是物理学家如何"做人"。追求真理、积极乐观、协作是第一层级的物理精神。追求真理的精神可以衍生出客观的实事求是精神、独立思考与怀疑的精神、严谨的分析精神、寻根究底的精神、锲而不舍的精神等。积极乐观的精神又衍生出不怕失败勇于尝试的探索精神、可证伪的实证主义精神、包容的开放精神、小目标精神等。协作精神又衍生出公正精神、民主精神。

　　什么是物理学文化？物理学方法和物理学精神一起构成了物理学文化，即物理学家做人做事的方式就是物理学文化。物理学文化是典型的理性思维的体现，是具有通识教育价值的，可以应用到不同认知领域，这从物理学背景毕业生的职业生涯多样性中可以得到充分验证。

　　"演示物理学"课程的设置就是为了普及物理学文化，让学生了解物理学家做人做事的方式，为其做人做事提供可参考的案例。

　　课程采取以演示实验贯穿教学内容的教学组织方式进行教学。具体做法是，精选若干演示实验，组织学生观察现象，总结规律，建立模型，构建理论，实验证伪，应用举例，引导学生感悟物理学认知过程的精髓，对物理学形成初步而准确的整体印象，体会理性思考的力量，为今后自身扩展到各个认知领域打下扎实的通识基础。

教学内容

前言　什么是物理学

演示实验：飞机升力、吸尘器原理、香水瓶、空气喷泉、喷嘴吸球、硬币过河、马哥努斯球（香蕉球）原理、龙卷风

第一章　与生活密切相关的物理量

1. 引言：人类生活在波场中

2. 重力和重力加速度

3.空气中的声速

4.光速

演示实验：重力加速度测量、横纵波演示仪、弦振动、塑料圈振动、激光显示李萨如图、声速测量、压电晶体探测闹钟秒针振动、拍现象、光速测量、直角棱镜演示光路

第二章　力学大厦：经典力学理论体系

1.速度和加速度

2.弹簧振子：简谐振动的重要实例

3.力学大厦：经典力学理论体系

4.刚体运动

5.碰撞

6.守恒律与对称性

演示实验：瞬时速度测量、弹簧振子测量、惯性小球、机械能守恒、转动惯量与质量分布、锥体上行、离心节速器、茹科夫斯基凳、定向陀螺、杠杆陀螺、自行车拐弯、进退老鼠、弹性碰撞、完全非弹性碰撞、双球碰撞

第三章　对称性与守恒律

1.物质世界的对称性

2.对称性的普遍定义

3.对称性的分类和时空的对称性

4.物理规律的对称性

5.小结

第四章　行星运动和宇宙学大意

1.行星运动

2.宇宙学大意

第五章　多姿多彩的光学现象

1.光纤通讯

2.三原色和互补色

3.色视觉

4. 自然变折射率

5. 双眼立体视觉

6. 视错觉

演示实验：光纤、三原色、海市蜃楼、立体观片器、视错觉、立体电影

第六章　热力学与熵

1. 热力学定律

2. 热力学第二定律的数学（熵）表述

3. 生命的热力学基础

4. 地球生态环境的辐射收支与负熵流——兼论人口问题

5. 熵与能量

演示实验：饮水鸟、斯特林热机、记忆合金、热导管、过饱和蒸汽塑料瓶中的雾霾、金属板上圆孔的热胀冷缩、铝罐中气体的热胀冷缩、二氧化碳灭火器、液化清洁气制冷、干冰升华

第七章　电磁力和电磁感应

1. 电磁感应概述

2. 法拉第电磁感应定律

3. 电磁感应定律的应用

4. 洛伦兹力 动生电动势

5. 楞次定律

6. 超导体

7. 三相交流电

演示实验：静电跳球、静电摆球、静电滚筒、静电吹风、富兰克林轮、避雷针、奥斯特实验、电磁感应现象、交流发电机、电磁驱动、旋转磁场电动机、电磁调速与制动、电磁炮、阴极射线管、洛伦兹力、安培力、巴比轮、楞次环、对比式楞次定律、阻尼摆、涡流热效应、跳环、超导磁悬浮、液氮实验、温差电池、手触电池、维氏起电机、范德格拉夫起电机、高压带电操作、放电盘、辉光球

第八章　激光——光彩夺目的新光源

1. 光源概述

2. 激光原理

3. 激光器

4. 激光特性和应用

演示实验：氦氖激光器、半导体激光器、激光散射

第九章　波动光学

1. 波动光学概述：风光无限的光波

2. 波动知识回顾

3. 光的干涉

4. 迈克耳孙干涉仪

5. 光的衍射

6. 全息照相（全息术）

演示实验：杨氏双孔干涉、菲涅尔双棱镜、双面镜、劳埃德镜、牛顿环、平晶、迈克耳孙干涉仪吞吐光环、菲涅尔衍射、夫琅禾费衍射、多缝衍射、反射光栅、透射光栅、闪耀光栅、不同孔衍射、网格衍射、大佛全息片、旋转小猫全息片、白光全息图片、双折射、偏振片、显色偏振、散射现象

第十章　量子物理简介

1. 物质世界量子化

2. 波粒二象性

3. 概率波

4. 不确定关系

5. 薛定谔方程

演示实验：Crooks 光辐射计、电子衍射、云室

教学方式

实验操作、多媒体、讨论，每周授课 2 学时。

学生成绩评定方法

平时成绩 10%，期中实验考试 40%，期末论文 50%，根据实际情况适当调整。

教材与参考书

1. Art Hobson：《物理学的概念与文化素养（第四版）》，秦克诚等译，高等教育出版社，2011。（必读）

2. 赵凯华：《20 世纪物理学对科学、技术社会的影响》（VCD 光盘），西南交通大学出版社，2001。（选读）

3. 赵峥编著：《物理学与人类文明十六讲（第二版）》，高等教育出版社，2016。（选读）

三、通识教与学

助教心得
重游基础统计 [1]

王　涵

　　从古老的描述性统计收集大量的数据进行简单的运算，到高斯导出正态分布，费舍尔发明极大似然估计、判别分析，有厚重感的教材里列举着如何估计灯泡寿命、怎样判断吸烟与患慢性支气管炎是否有关联的生动例子，再到如今的大数据时代，统计学与基因组学、医学的完美交叉使得精准医疗被赋予告别病痛的美好使命；统计学与神经科学的融合让我们体验到了通过脑电波反演出所看电影画面的神奇。

　　我爱这个领域。

　　能担任"普通统计学"的助教使我备感荣幸，这让我多次想起五年前的那个夏天，手中捧着陈家鼎老师的《数理统计学讲义》一点一点地领会极大似然、检验等神奇思想时的自己。那时我刚刚踏进这方领地。如今能够重游普通统计学这片美丽的水土，我很感激也很幸福。

这里的遇见都很美好

　　我想首先对遇见的老师、同学谈一下我的感受。

　　耿直老师是一位我特别尊敬、特别有人格魅力和学术造诣的好老师，我很感激能有机会担任他所教授课程的助教。

　　统计学是一门与数学有密切关系的学科，而"普通统计学"面向的对象却是全校通选的文科生与理科生的混合，可想而知教学的火候有多难把握。而耿老师会把概念与生动有趣的例子结合起来，让原本对这个

---

① 课程名称：普通统计学；本文作者所在院系：数学科学学院。

领域不是很熟悉的同学也可以在脑海中构建一个画面。统计学是数学，也是从实际中走来的应用性非常强的学科，即使是在社会学、环境科学等领域，也能找到大量的与统计学有交叉的实证。例如，用统计的方法分析 $PM_{2.5}$ 数据，为了蓝天，用数据解读污染；通过对姓氏的统计分析，研究世界各地区学术圈的人种构成情况。

耿老师十分认真负责，他给我两次机会去给同学们讲解习题中大量出现的问题。有一道题有难度，以至于几乎没有同学做出完美答案，我讲解的过程中也能发现部分同学迷惑的神情始终未能散去。课后耿老师建议我写一下过程，他放到网上便于同学们深刻理解。我将初稿发给老师后，收到的答复真的令我终生难忘。回复中包括："第一次出现名词时，标上英文：众数 (mode)，中位数（median），均值（mean）。""补充众数（mode），中位数（median），均值（mean）的定义公式，特别是中位数的定义式。因为这本教科书中没有公式的定义。""说明一下为什么 (a)，(b)，(c) 出现不等式的反例，为什么不一般。例如，(a) 是因为离散变量，概率分布不连续。(b) 是因为双峰。(c) 中说明 $\ddot{e}$ 是 scale 参数，不影响偏度，图中采用的 $\ddot{e}$= 几？ $\hat{a}$=3.5 时出现特例是因为什么？能否给出 $\hat{a}$=3.5 的密度函数图形？"我想，这样的认真与润物无声就是一名学者卓尔不群的真实写照吧。

耿老师在采访中说起他日本留学的经历时，有一句话令我印象深刻："有十多位和我一同到九州大学。同学们都是风华正茂，努力学习，获得学位后回国。那时出国学习的人都认为应该，也必须回祖国。"如今老师已经到了快退休的年纪，我想，他一定会为那些苦心求索、勤耕不辍的时刻是在祖国的土地上发生着的而欣慰、骄傲吧！我也虔诚地期待着我们这一代的未来！

我遇见的同学们也都是极其认真可爱的，每周一次的作业，他们中的绝大多数都是一次不落地上交，尤其到了学期的下半段，随着课程难度的加大，保质保量地完成对于本科课业压力重的他们的确是一项不小的挑战，有几次需要把大量的数据输入统计软件中进行分析，甚至有不少同学超出题目要求，自行用 MATLAB、R、Python 等语言进行编程解决问题，相比于同龄时的我，他们的确优秀多了。每周面对近百份的作业虽然很累，但是看到作业纸上同学们将数据可视化得那样完美、做检验问题时无论统计量的选择还是拒绝域的判断都那样准确，感受得到统计的思想已经在他们心中生根发芽，我便有种无以言表的感激，很荣幸能遇见这样的一群同学，遇见他们的作品和背后的思想。我们一起在统计学的世界里探寻，畅想几百年前统计学的先贤们痴迷的问题，感叹时间的神奇和思想的伟大，我想，他们如果能够看得见今天的统计学，一定会在某个地方驻足思考，久久不会离去吧。

我的习题课

这是我的第四次助教工作了，但是我从来没有上过讲台给同学们讲题。当耿老师发邮件问我是否可以给同学们讲解一下作业中大量出现的问题时，我心中真的是有点紧张的。紧张之外是惶恐，是对老师信任的感激。

同学们大量出错的题是："左偏和右偏分布中众数、中位数和均值的大小关系是怎样的？"99%的同学给出的答案是：左偏时，均值<中位数<众数。这的确是一般的情况，但是这种论断并不具有普遍性。自己想出几个反例后便去查阅网上的相关博客和论文，想看是否有针对这个问题反例的系统性的结果。站在巨人的肩膀上是很幸福的，"Mean, median, and skew: correcting a textbook rule"，这篇论文的题目就将作者的意图雄心勃勃地昭告天下了。是的，左偏时均值<中位数<众数这个结论是错误的！虽然有的教科书也会写进去，但是它不具有一般性！这位作者将其能想到的所有的反例都写入了这篇论文，我又将仅在 3 个点处取值的均匀离散分布 $P(X=-1)=P(X=0)=P(X=1)=1/3$ 加入一个新的参数 c，使得 $P(X=-1)=1/3-C$，$P(X=1)=1/3+c$，讨论 c 的取值对于分布的影响，进而探索此时三个统计量的大小情况，另外使用了一些博客上的例子，准备起我的第一次习题课。

从我讲习题的那一刻起，我就深深认识到了自己懂与把所懂的内容讲给听众使其领会之间隔了千山万水，而且这次面对的听众背景更庞杂。我把需要介绍的公式和例子、推导过程写在纸上之后，惴惴不安地在工位的小白板上"自导自演"了两遍。燕园陪着我经历了许多熬到凌晨三四点钟的夜晚，但那一个晚上，自觉与众不同。不知她是否会笑一下这个文学功底极其薄弱、不会临场组织语言的学生？让她回忆，让时光评说吧。

第二天讲的时候，同学们都在认真地听着，但我真的能从有些同学的眼中读出迷惑。同学们年龄很小，而且出自不同的专业背景，要他们接受统计学专业期刊上的前沿文章的确有点强人所难。幸好在耿老师的要求下，我将所讲内容写成了材料，供他们课下有兴趣时消化，也弥补了我没能给他们全部讲清楚的愧疚和遗憾。

第二次习题课需要准备的内容更多了，而且涉及的内容更重要，其中的估计和检验问题更是统计思想的基础和核心。在改作业的过程中我最大的感受是钦佩。同学们能用极短的时间领会我当年需要啃很久的问题，作业也如行云流水一气呵成，感觉同学们应用统计手段有如探囊取物。但是也会有一些可爱的同学将拒绝域搞反，没能领会检验问题核心、分不清是单边还是双边检验，因此第二次讲课时我便着重提醒了检验的原假设、拒绝域、P 值的方向问题。"故地重游"也使我受益匪浅，又重新夯实了原理，使我在自己的研究领域能飞得更高。

我期待的"通识"

统计学能够作为通识课程被全校的同学们通选，我感到由衷的高兴和欣慰，在"大数据时代"，统计学能被这样多双好奇的眼睛注视着，我们任重而道远。

我最喜欢的对待知识的方式，就是沉下去想我能想到的所有，它的一切都是养分，思考过程中所遇到的所有惊喜、曲折、感动甚至是眼泪都是无比珍贵的馈赠。先哲们穷其一生用他们高贵的头颅、深邃的思想穿越历史长河给予我们深切的教导，需要我们用肯吃苦的决心踏上这条无悔而幸福的道路。所以我能想到的在通识的世界里最美好的愿景便是所有来欣赏的灵魂都葆有最纯粹的好奇和最强烈的"不破楼兰终不还"的决心。将在统计的世界里遇到的都记在心里，未来的某一天，如果你是一名医生，也许你会想要用统计的手段挖掘出怎样的特征才是能被某种药医好的特征，怎样的习惯能帮助病人远离病痛，也许你遇到的数据更多元多样，传统的聚类、回归的方法已无能为力，但是你因为在通识的世界里走了一遭，已经拥有了一把统计的斧头，无论遇到怎样的数据你都会砍。如果你是一名音乐人，你喜欢创作什么样的作品，你觉得什么风格的歌好听，这些统计手段都会帮你记下来，它们会自动帮你筛除你不喜欢的歌曲，也许还会自动帮你写歌，写出你独有风格的歌。所有的所有，都是因为当初那份通识的用心和热爱。如果将热爱写入生活，改变生活，那么统计便是我们共有的名字。

估计一个参数不仅要看估计量的偏差是否小，还要看估计量的方差是否太大，于是有了"bias-variance trade off"，如果是另一个领域的人来看这个问题，解决的方法是否就只有"trade off"呢？检验一个问题最常用的是构造相应的统计量确定拒绝域，是否有其他更为惊艳的检验方式呢？我期待，随着越来越多好奇的"通识嘉宾"的加入，他们因好奇而深邃的思想能够与统计领域忠诚的学者碰撞出更奇妙的火花，让统计这个因应用而闻名的学科取得更坚实的进步。

我特别想为生物医学领域的"统计通识"做美好的畅想。生物学家的想象力是惊人的，如果他们真的能够想象出癌症的产生过程，尽管现今的实验条件没有做实验验证的能力，但是他们完全可以将统计的武林秘籍拿出来翻阅一下然后用起来。建好模型，去做吧！如果所有的生物过程都可以模型化、公式化、统计化，那么我们有理由期待，假以时日，我们能根除顽疾，告别病痛。这些美好，还需要"通识"把大家聚到一起共谋未来！

知识本身就是愉悦，我希望所有因好奇而来的通识者们能收获思想的愉悦，同时也能结合自身所长做一些推动国家进步的贡献。这时的愉悦，一定是带着泪水的幸福！希望从这门统计学通识课课堂上，能走出更多因为修炼了统计的武功秘籍而推动社会进步的人！

助教心得
对北京大学本科生教育的新认识 ①

蒋久阳

作为一名即将毕业的北京大学博士研究生，我很荣幸能担任核心通识教育课"矿产资源经济概论"2019年度秋季的课程助教。我在课程中承担或协助承担了作业批改、组织讨论以及课程摄制记录等方面的工作。相比于专业基础课的助教工作，通识教育课的助教工作需要涉猎更广的知识，面向更多的同学，完成更大的工作量，实现更高的目标。本科生的学习经历加上通选课以及专业课的助教工作，使我从多角度出发，对北京大学本科生的教学工作产生了新的认识。

首先，是对好课标准的新认识。从学生和助教两个角度来理解，我认为北京大学不同类别的好课既应该有共性的标准，也应该有一些差异性的特质。我认为共性的标准有这样几条：1.课程设立的目的要符合国家高等教育战略的大方向，符合立德树人的标准；2.课程内容符合时代要求，要根据时代的变化和需求第一时间更新、调整授课内容；3.注意思维方法的传授，而非单纯地看管学生背诵知识点；4.任课教师和助教要充分与学生沟通，了解学生特别想要学习的知识技能以及他们的困惑和遇到的困难。任课教师和助教要花更多的精力帮助学生解决具体问题，避免学生走入思维的误区。另外，不同类别的好课之间还存在一些差异：对于传授专业知识的主干基础课程，不应该删减主干内容，反而应该补充和强化。对课程的介绍要符合实际，既要讲清楚这一学科所在领域的优势，也要讲清楚它所面临的挑战和瓶颈。这样做，有利于学生尽早对个人职业规划做出正确的判断。以我所在的地质学专业为例，我

---

① 课程名称：矿产资源经济概论；本文作者所在院系：地球与空间科学学院。

认为应该增加基础课课时，特别要强调野外教学、室内显微镜教学以及实验技能教学。任课教师和助教要认真备课，对于学生的每一个问题都要认真解答，当场解答不了的，老师有责任和学生一起去探寻该问题的答案。对于通识教育课程，教学环节和考核模式上要强调各自学科的思维方式与特色，而不是只基于知识点掌握多寡给分。这样的通识教育思路或许更有助于提升学生的综合素质。我和任课教师会经常交流对于一门好课的认识，并且力争在实际教学过程中充分执行这些思路。

这里我还要谈一下对"教育要立德树人"的认识。党的政治报告明确指出："要坚持教育优先发展，全面贯彻党的教育方针，坚持教育为社会主义现代化建设服务、为人民服务，把立德树人作为教育的根本任务，培养德智体美全面发展的社会主义建设者和接班人。"在世界纷争再起的大背景下，人才培养的极端重要性充分显现出来了。人才是创新和发展的第一资源，只有德才兼备的人才才能真正肩负起社会责任。中国发展所需要的人才不仅要有丰富的知识储备和出色的技能，更要爱党爱国，具有坚定的信念和高尚的人格。如果在教育过程中只重知识和技能的传授，而忽视道德品性的培养和正确价值观的树立，那么教育出来的人很可能会成为精致的利己主义者。国家花大量资源培养出的人才不能反哺国家发展建设，反而可能起到破坏作用，这将会造成不良的局面。所以从学校、学院到老师、助教以及社会的方方面面，都应当在教育教学以及日常活动中明确并坚持正确的政治方向。本科教育要以培养健全的人格以及合格的社会主义建设接班人为核心目标，关注学生的精神文明建设，及时指正错误的倾向和认识，这样教育出来的人才，才能为社会创造实效。在"矿产资源经济概论"这门课中，我们着重关注了中国的能源和资源形势，这激发了同学们对祖国矿产资源战略安全的关注。

此外，由于我身处博士研究生毕业季，发表论文、答辩以及就业等多方面的压力同时在肩，而助教方面同样需要完成很多细致工作。这就需要我合理分配时间：在处理好个人事务的同时，也要保质保量地完成助教的任务。我个人会在每节课前后与任课教师沟通并明确下一周的任务。我对于学校和"通识联播"平台上推送的消息保持关注，并会根据这些信息以及学生的反馈设计及时调整自己的日程表。我会严格按日程表完成助教的相关工作。因为我清楚，作为本科生和任课教师沟通的桥梁，助教认真负责的工作态度就意味着教师的教学计划能够贯彻执行，学生的困惑能够得到针对性的回应。

在这里，我衷心地希望母校的各门通识课都能不断提升质量，成为学生和老师心目中真正的好课。

助教心得
物理的满足感 [1]

王　峻

　　著名实验物理学家 E. 卢瑟福曾有这样一种观点：所有的科学除了物理就是集邮。我们可以将卢瑟福所说的"物理"广义地解释为一种从现象到规律的建构，诚然，科学无非分为有这种建构的和单纯归纳了现象的两种。从现象出发并在猜想与验证的过程中逐步建立对某一个现实现象的理解是一个迷人的过程，作为助教我深切地感到，这门演示物理学致力于带学生领略这真正的迷人之处。同学们在一组组相关的实验现象中，跟随穆老师的课程逻辑，体会了理解一个个基本的物理问题的过程。这与高中的物理学教学完全是两个路线，它不是从既成的定律和公式出发而是从现象出发，它不尝试明确什么是对的而尝试指出逼近真理的道路。

　　随着课程的深入，我非常欣喜地看到同学们逐步掌握了物理学研究的常用方法。一系列同类的实验摆在面前，有的同学能够挑选出最简单、最不受其他机制影响的来入手；实验出现了意想不到的现象，有的同学学会了主动地猜想其原因，提出验证或规避它的实验措施。在同学们完成期末实验报告的过程中，我更是惊喜地看到了一些有趣的非平庸的结果、一些精心设计的实验装置，以及他们能够将物理学的研究方法运用起来，设计实验对问题加以剖析以完善自己的解释。

　　当然，作为面向全校的通选课，一个不可避免的现实是学生背景知识的多元化。在设计评价考核标准时，我们虽然对此有所照顾，没有以笔试考查知识点或计算，而是分为规定实验与自主设计实验两部分，但

---

① 课程名称：演示物理学；本文作者所在院系：物理学院。

评价的标准是一致的。即便如此，实际上对于高中理科学习薄弱的学生也略有不公平。不过我想，这种评价层面的不公平在通选课中无法避免，也没有必要回避。既然通识教育旨在让我校学生领略不同领域人类成果之精华、提升学生在面对不同问题时的多元化素养，就应当有一定的外在标准要求学生通过提升自我去达到，而这一定会形成前述的不公平。作为课程的参与者、建设者，助教最应当做的就是让学生充分吸纳课程内容，让学生因从这门课真正学到了什么而产生获得感、满足感。

学生感言
一个文科生的生物学意见 ①

班　莉

1

一入燕园不知岁，转眼已成大四狗。

然而对生机勃勃、方兴未艾的 MOOC 来说，我还是个新人。

"网络公开课"这个概念我并不陌生，不过自己却很少参与其中。真正接触到 MOOC，是在这学期选了顾红雅老师的"生物演化"课程之后。

我从小就喜欢生物课，中学时还曾经在生物竞赛中擒获名次。可惜高二分完文理之后便从此将这个兴趣搁下（一度妄想过生物和地理两门课程可以文理对换）。

这次选课之前，我对顾老师授课内容并不了解，最大的目的就是选一门要求不那么苛刻的课，好补足自己的 A 类通选课学分。

然而，当我真的坐到顾老师的教室里，在她循循善诱的讲解中，昔日对生物的热爱又开始鲜活起来。好像埋藏过漫长冬日的一颗种子，我不知道它在顾老师给的水和热作用下能开出怎样的花朵，但我知道什么都无法阻止它长出来。

我很喜欢顾老师。

喜欢她用亲切的口吻给我们讲北大校园的水池里鸭妈妈的故事，喜欢她常用来作为课程点缀的生物学家小八卦，喜欢她认真告诉我们"生物演化很有前景"时专注的眼神。

---

① 课程名称：生物进化论；本文作者所在院系：中国语言文学系。

一个人真正热爱自己所从事的专业时，你是会看到他／她从里到外发出的光的，一举手一投足都是艺术。

老实说，这门课本身可能并不适合大四狗，因为它每节课都要点到。而且点到的方式不是简单粗暴的签名，而是给出宛如头脑风暴般的小题目，督促你必须好好听课，认真思考。

但我选择了留在顾老师的课堂上，迄今为止未曾缺席过一节。纵然需要付出点辛苦，也甘之如饴。

2

我是在顾老师的课堂上知道 MOOC 的。

在每节课紧随她身影的摄像机镜头中，在她话语被下课铃打断的无奈表情里，在她鼓励同学们时所说的"大家也可以去注册个 MOOC 账号"中，在她说完"谢谢大家"又忙着补充"只是录像结束，咱们还有个小测试要做呢"时，我了解到 MOOC 这个平台的存在。

然后我循着顾老师指点的路径，打开 MOOC 网，注册了一个账号。

在"生物演化"这门 MOOC 课程中，我看到了顾老师在课堂上录制的那些视频，这成了我复习北大课堂上所学的最好方式。

最巧妙的是，这些视频播放过程中还会不时弹出一些关于前面学习内容的小问题，答对才能继续观看，这种闯关般的快感让人欲罢不能。学完视频之后，每节课都伴随着一次小测，答题的过程又是一次对所学知识的巩固。每每看到"满分"的结果，总有种心荡神驰的成就感。

然而这门 MOOC 课程的作用绝不仅仅是单向的知识传输。最有价值、最精华的部分，在于课程论坛。因为它是把所有选择这门课的人汇集起来共同切磋的一个平台，你会接触到不同来历、不同知识背景的人，通过和他们接触来拓宽自己的知识视野。

尽管我自己在课程论坛中不常发言，但通过琢磨其他同学的发言，多看、多想，自己在潜移默化之中也受益匪浅。

当然有交流难免就有碰撞，比如前些日一段关于转基因的争论中，正反双方就吵得颇不愉快。但我以为，碰撞本身也并非坏事，在遵守互联网礼仪、尊重对方的大前提下，都可以各抒己见，甚至百家争鸣。且不说有的事情对错学界尚无定论，即便是盖棺论定之说，辩驳的过程也可以给我们新的视角和启发。

顾老师的"生物演化"课程是一扇窗，推开后我面前展现出MOOC这个神奇的世界。

我想，在这期课程结束后，我仍然会选择继续在这个平台进行学习。用知识作为养分，培育——或者不那么科学地，借用下"演化"这个词——出更好的自己。

顺祝顾老师的课程越来越红火，让更多的人知道生物演化的魅力。

学生感言
在化学与社会的交汇点上 [1]

梁　时

　　回想大一上学期的日子，总记得每个周三的下午，窗外或是艳阳灿烂，或是雾霭沉沉，我们就在三教一间不大的教室里入迷地听着卞江老师口吐莲花，以化学的思维来解读社会，在社会的视野上演绎化学，自在豪迈地游走在人文社科与自然科学的交界线上。亦或是，在每月一次的讨论课上，组员们一同探讨诸如"意识与决策""个体与社群"等化学与社会交汇点上的重要问题，开展言辞的激辩，碰撞思维的火花。每当想起在这门课上度过的时光与课下付出的努力，我的心中就充满了对化学的"温情与敬意"。

　　在面对面选课那天，卞老师就不无自豪并充满"引诱"地告诉我，这是一门针对文科学生开设的化学课，着眼在化学与生活世界、人类文明之间的联系。犹记得当时他拿出一本随身携带的《人人都是伪君子》，眉飞色舞地讲述神经化学的最新成果——人类意识的模块理论——对人文科学（例如王阳明的"知行合一"命题）可能产生的重大影响。而在接下来的一学期授课中，卞老师用他博厚的化学知识、宽阔的社会视野，兑现了他在选课时许下的承诺。整学期的课程给了我们美好的智性体验，"材料化学"章钢铁淬火过程中的马氏体相变及面心、体心立方的转化，"高分子化学"章热固、热塑型材料与其分子结构之间的关系，"能源化学"章对世界能源报告的深度剖析与批判，"生命化学"章对进化论及其反对者理论的详尽阐释；以及我们仔细阅读指定书目、确定小组探讨主题、积极搜集分析资料之

---

① 课程名称：化学与社会；本文作者所在院系：哲学系。

后所呈现的讨论课报告——在《社会决策成败考》中，我们把自然科学与清北招生战、中国高铁降速联系起来；在《意识模块理论对人文社科的冲击》中，我们把神经化学的研究成果与中国哲学史上的"知行合一"命题、行为经济学诞生的理论基础、法官判案时的刑罚考量联系在一起……这些内容让文科生重新面对曾经漠视或已经疏远的化学世界，并且不是以记诵化学反应方程式与元素周期表的方式，而是从自己的属性——"人文"或"社科"——出发，在领会化学思想精髓的基础上，探究化学世界展开在现实世界的曲折历程，回顾化学进步与人类文明之间相爱相杀的命运，思索这一历程中产生的伦理冲突、道德困境、政治博弈、社会变迁，并尝试着给出自己的诠释与解答。

作为一名文科生，虽然在高中学习过一年化学竞赛，但经过两年高考文科训练之后，我对于化学的印象几乎只剩下了"结构决定性质，性质决定用途"这十二字心诀（此心诀是我那爱写古诗的初中数学老师告诉我们的）。然而，在这门课的学习过程中，我却惊讶地发现这十二字心诀不断地得到体现，自始至终、一以贯之；这或许就是所谓"学科本质"或者"根本洞见"吧。而我以为，卞老师对这一学科本质的不断展示和成功诠解，恰恰体现了一个真正有意义、"无过不及"的通识教育的目标：既不是在所"通"的领域浅尝辄止、只为捞取业余的消遣和炫耀的谈资；也不是在每个领域都如专业人士一般陷溺其中、"八面玲珑"。通识教育所"通"的，应该是诸领域中最核心的思想精髓和可普遍化的方法论原则；这样的通识教育，可能才真正有用于人格养成和思想世界的丰富、思维品质的提升。

如前文所展示的那样，在化学与社会的交汇点上，我一次次地领会到以化学为代表的自然科学与人文社会科学所进行着的积极的互动，以及对人文社科发出的强有力的挑战。作为人文社会科学学子的我们，应以怎样的姿态和心胸参与到这一互动中，如何应对自然科学的发展对人文社科提出的广泛的甚至根本性的挑战，我想这就是这门课程所要教给我们的东西，或者说是向我们提出的重大课题。这种兼收思辨理性与人文关怀的心量养成，或许恰恰闪烁着通识教育的光彩。

总之，在漫漫求学路上，我会永远记得大一的第一学期与化学的不解之缘，永远记得自然科学与人文社科碰撞所产生的巨大能量、所蕴含的无限可能。

圣人以化成天下、赞化育；卞老以"化"观社会、通古今；吾辈以"化"明事理、全人格。幸甚！

学生感言
颠覆我的生物观 [1]

王子龙

　　说句实话，这门课带给我的收益是空前的，尤其是在调动主观情感和客观思考方面对我的影响，连我正在上的学院专业课都无法匹敌。毫无疑问，这是我这学期选过的通选课当中最棒的一门；在我的心目中，这门课与我上学期选过的通选课"社会心理学"具有同等的地位——我也从后者中收获了一种新的看世界的思维方式，以至于我一直在向其他同学推荐这门课。当然，"普通生物学（Ａ）"这门课，我也会向其他同学大力推荐。

　　先说说我选这门课的动机吧。其实动机也正如本科课程评估上所列出来的那样——专业的需要。我所在的地质学类专业在课程改革后，通选课"普通生物学（Ａ）"也便列入大一下学期的选课计划中了，因此我便选择了这门课。说句实话，我以前是对生物这门课程十分抵制的——这得追溯到我的初中和高中时期。我是在山东省中部的一个县城里读的中学，那里由于竞争激烈和教育资源相对落后，应试教育之风自小学起就盛行。因此，我们中学六年的生物课基本上就是一个相同的模式——上课划重点，下课背重点，做题最重要的是"揣摩出题者意图"，考完对答案后还要整理出简答题的答题模板，然后记住。我尤其反感"揣摩出题者意图"。我清楚地记得高中时有一道填空题，原题是"基因中单个碱基对发生替换时，生物的表现型＿＿＿改变"，这个空我填了个"有可能"，却被打了一个大大的"×"，因为标准答案是"不一定"。生物老师解释道，人家出题

---

① 课程名称：普通生物学；本文作者所在院系：地球与空间科学学院。

者想考查密码子的简并性，因此这个空的意思很明显是偏向于否定的；再一看别人的，确实基本上都填的是"不一定"。但是我还是不明白填"有可能"到底错在哪儿。这种事情出现得多了，我便对生物这门学科产生了比较深的偏见和比较严重的抵触心理。因此，当初选这门课的时候，我还是抱着一种抵触而又有些恐惧的心态去选的——中学时期所受的那种"揣摩出题者意图"的折磨，我实在是不想再受第二遍。

但是，我很快发现我错了。单是第一次的绪论课，就大大消除了我对生物学的偏见。当我看到这门课的考核方式的时候——翻译论文和游记占的比例竟然能够与期末考试占的比例分庭抗礼。真是头一次见这么有趣的考核方式！这无疑给我吃了一粒"强效定心丸"。而且随着老师进一步的讲解，我发现，生物学原来是一门如此有趣的学科！除了与物理学和化学的联系之外，生物学竟然还能与数学产生如此奇妙的联系！虽然对此我早有一些零散的耳闻，但是当老师把蜂巢六边形密铺、向日葵的斐波那契数列、螺壳和花的黄金分割、树的分形等放在一起连续地集中展示的时候，我不禁大为惊叹：原来自然界的生物体竟然如此完美地体现着数学原理！我顿时发现，原来与我的专业——地球科学类似，生物学也能够把数学、物理、化学等学科串联在一起，让它们形成一个整体。这令我对生物学课程增添了许多亲切感。

此后的课程，老师更是颠覆了我对生物学授课的看法，也大大增加了我对科学研究的兴趣与热情。课上有很大一部分比例讲的是科学家们一步一步的奋斗史以及重大发现的发现史，这些牵扯到历史与人文思想的内容是我初高中的生物课上完全没有讲过的。如今跟随老师上课的思路细细体会生命自然规律之奥秘以及生物学家前仆后继的伟大发现历程，一种对于自然规律和科学发现的敬畏感与神圣感便油然而生，同时也更坚定了我在开拓人类知识之边疆的道路上砥砺前行的理想与初心。是啊，利用统计学等科学的方法和人类超乎寻常的想象力，拨开复杂世界表象的重重迷雾，从这些迷雾中找到规律、发现真理，这是一个多么动人心魄的伟大过程。这一点，也尤其像我们地球科学这个专业，只是两者在研究对象上稍有区别而已。

另外，我尤其注意到，老师总是在生物科学的某些角落留下或暗示一些甚为奇妙、令人着迷、回味无穷的问题，这些问题不光是科学的，而且我认为，在这些问题没有得到解决之前，还是哲学的。比如说，为什么自然界中存在的有机对映异构体是如此不对称，以至于自然界糖类几乎都是右旋而蛋白质几乎都是左旋呢？小鼠和人类仅差了 300 个编码蛋白质序列，但是为什么这就造成了小鼠和人的天壤之别呢？两条染色体的合并，真的是造成古猿与人类分歧的终极原因吗？这些问题不禁引起我进一步的思考。我们的自然界从来就不是只有对称的，而是对称性再加上破缺构成了自然之美。对映异构体的不对称性，就像粒子物理学中物质和反物质的不对称性一样，如果将这种不对称颠倒过来，我们的世界恐怕会彻底改变模样。所以，为什么不是颠倒过来的那种模样呢？我想起了人择原理。颠倒过来的那种世界，恐怕不适合人类存在吧？这样，多重宇宙就是有可能的吧？而后面两个问题，必然导致一个更基本的问题：意识是什么？搞清楚了这个，我们才能回答人类与小鼠、与黑猩猩的意识之间有什么区别的问题。而从科学的角度而言，这种问题还必须要通过对基因功能的深入研究做进一步探讨。相信在未来，生物学家会与研究脑科学和心理学的科学家们通力合作，共同攻克这个最基本的问题，从而终止关于这方面的所有形而上学式的猜想。而且，从生物学家的奋斗史和真理的发现史上可以看出，唯有通力合作，才能发现更大的科学真理。这一点在这样一个全球化的世界显得尤为必要。

至于课程其他的一些方面，那更是再怎么称赞也不过分。老师对知识点的讲解深入浅出，特别能够把一些复杂的生物过程用生动的语言、甚至是动作和表情讲解得活灵活现，听了之后真有一种醍醐灌顶的顿悟感觉。我是一个在课上，尤其是通选课上很容易走神的人，但是我发现在这门课上思维很容易就跟着老师走了，几十分钟过去了也浑然不觉。而且从客观的角度看，每堂课总是有那么多人去听，听课时周围人那聚精会神的听课态度和迅速简要的记笔记作风也营造了一种特别好的氛围，于是我就更由衷地喜欢这门课乃至生物学了。老师讲完课之后全场的掌声，也是我选过的通选课之中最热烈的，热烈程度超过了我上学期特别看好的"社会心理学"。

　　我没有什么很好的文笔，语言表达能力也很一般，这里只能把自己内心对这门课的意识流忠实地记录下来罢了。有些语言不当之处还请读者谅解。最后还是想对课程的老师衷心地说一声感谢，这门课真的让我学会了好多好多，不仅是知识上的，更是态度上的和思想上的。谢谢！

四、含英咀华

优秀作业

凤尾丝兰在北方的"命运"推测 [①]

李思萱

背景信息： 凤尾丝兰（*Yucca gloriosa*，龙舌兰科丝兰属）是一种多年生植物（即植株可以存活很多年），原产北美东南部，每年开花。作为引种的观赏植物，该物种在中国广为栽种，并已引入北京（包括北大校园）。在北大校园的凤尾丝兰每年开花，而且常常在秋季开花，所以会出现刚开花不久就遭遇冰雪天气的情形，虽然花被冻坏了，但营养体（根、茎、叶）仍存活着。

假设： 凤尾丝兰只能靠种子繁殖，将上万株凤尾丝兰植株种植于北京没有人类干扰的地点，让其自然生长。

问题： 请你预测一下这些凤尾丝兰的演化趋势，即它们的命运如何？

提醒： 请运用本课学到的知识独立完成作业。鼓励提出原创性观点；若引用文章、书籍或网上的内容，请注明出处。

摘要： 凤尾丝兰是一种原产北美的多年生植物，被引种到北京后，在秋天开花，故常常会遇到刚开花不久就遭遇冰雪天气的情形。本文探讨了凤尾丝兰作为一种外来植物，如何适应新生境的演化趋势，并在适应后，如何演化出快速扩张的性状。同时，如果不能适应新生境，凤尾丝兰有可能局部灭绝。需要说明的是，凤尾丝兰在移植过程中会受到明显的先锋者效应的影响。一方面遗传变异水平低并不一定会限制物种在

新生境中的适应，另一方面种子繁殖也使得种群可以快速提高遗传变异水平，消除先锋者效应可能存在的不利影响。

关键词： 凤尾丝兰　外来种　演化

引言

凤尾丝兰（*Yucca gloriosa*，龙舌兰科丝兰属）是一种多年生植物，原产北美东南部。作为引种的观赏植物，每年开花，并且常常在秋天开花，所以会出现刚开花不久就遭遇冰雪天气的情形。虽然繁殖器官（花）被冻坏了，但营养体（根、茎、叶）仍存活。假设凤尾丝兰只能靠种子繁殖，将上万株凤尾丝兰种植于北京没有人类干扰的地点，让其自然生长。

对于外来种来说，新生境条件和新环境中的生物压力常常能导致快速的进化调整。与原产地不同的物理、化学环境和由捕食者、竞争者等生物因子引起的压力，可以通过自然选择使外来种适应新生境。[1] 而外来种在新生境的演化过程，应分为两个阶段：从适应并定居到散布扩张。

一、局部灭绝

凤尾丝兰有可能由于不能适应北方的环境，无法完成种子繁殖，最终"局部灭绝"。原因有二。第一，作为外来种，凤尾丝兰的固有生长节律无法适应北京的温带季风性气候，即凤尾丝兰由于维持在秋天开花的固有节律，开花不久就遭遇温度骤冷的环境，生殖器官（花）损伤凋落，而此时种子并没有完成发育。第二，丝兰属植物（*Yucca*）和丝兰蛾（*Tegeticula and Parategeticula*）是植物和昆虫共同进化形成专性互利共生关系的最典型例子。[2] 雌性丝兰蛾表现出在形态和行为上与丝兰的高度适应性，丝兰为雌蛾提供繁殖场所，并借助这一过程完成传粉和授粉。这种长期的演化大大降低了丝兰自花授粉或借助其他昆虫传粉的可能性，使得丝兰在新生境下缺少与其高度特化的传粉者。在短时间内，由于凤尾丝兰是多年生植物，其营养体耐寒，在北方移植后可以存活。但从长时间范围来看，如果凤尾丝兰不发生演化，维持固有节律，传粉和种子发育的困难性就会阻断种子繁殖，使其无法形成后代。故而最终凤尾丝兰不能适应新生境而局部灭绝。

二、定居过程中的适应性演化

在许多情况下，外来种摆脱了源种群的基因流限制和先前天敌压力，获得了空前的进化机遇。由于在新的生境中定居，外来种种群面临不同的选择压力，可能发生快速演化变异。[1]

1.定向选择引起的花期提前

当凤尾丝兰种群被移植到北京后，尽管宏观上表现为秋季开花，但个体间开花的时间存在差异。花期提前的个体，可以在温度骤降前完成双受精和种子发育的过程，从而保证种子繁殖的顺利进行。当满足种群中个体间存在着表型差异，不同表型的适合度不同，且适合度可遗传三个条件时，自然选择介导的演化就会发生。从性状的角度看，不同个体间花期不同，花期越提前的个体越能提高种子繁殖的可能性，并将这一表型遗传给下一代。于是，花期提前这一性状被自然选择留下，而其他则相对地被消灭或淘汰，即发生了定向选择。从基因的角度看，植物开花的生理过程受基因控制。控制植物花期提前的等位基因被保留并不断积累，基因频率增加，最终种群整体适应环境。这种定向选择所引起的适应性演化可以在较短时间内发生。例如，玫瑰三叶草（*Trifolium hirtum*）作为草料植物从地中海地区被引入美国加利福亚州后，从牧场扩张到其他受干扰的生境，如路边。通过温室实验比较牧场种群和路边种群的形态和种群形态，研究人员发现，路边植物趋向于开花更早，并产生更多的花序。在仅 20 年的时间里，玫瑰三叶草即产生了牧场种群和路边种群的分化。[1]

2.杂交引起的花期变化

华北地区存在凤尾丝兰的近缘物种，可能通过虫媒完成近缘物种对凤尾丝兰的授粉，从而形成杂交物种，改变花期。由于已存在的物种（无论是土著种还是外来种）对环境的适应性强，杂交物种具有杂交优势，有更强的抗逆性和竞争力，花期更长，种子形成率和成活率更高。例如被引种到美国圣弗朗西斯科湾的互花米草（*Spartina alterniflora*）可以和土著种加利福尼亚米草（*S. foliosa*）杂交。前者的花期晚于后者，杂交种的开花时间则介于两亲本之间，其花粉的数量多、存活量大。在适应环境后，杂交种能迅速散布、扩张，甚至和土著种米草竞争，对其生存构成威胁。[3] 可见，在新生境中，凤尾丝兰可能遇到此前地理隔离阻碍基因交流的近缘物种，通过杂交增加遗传变异性的水平，增强物种对新生境的适应性和其演化的潜力。

3. 同源多倍体的形成

多倍体是植物形成物种的一种方式。在温度骤降等环境条件的迅速改变下，植物易发生染色体变异形成同源多倍体。凤尾丝兰也可能在温带季风性气候快速变温的环境条件下，形成多倍体。而较之于原先的种群，新形成的同源多倍体的最大优势在于植株生长得更粗壮，抗逆性、耐寒性更强。因此，同源多倍体植株的繁殖器官耐寒性更强，从而可以在秋季完成开花、授粉、种子发育的一系列过程，而不必发生定向选择下的花期改变演化。

4. 传粉方式的演化

正如前文提到的，丝兰属植物和丝兰蛾建立了传粉时的专性互利共生关系。一方面，在新生境中，由于华北地区存在丝兰属的其他植物，存在类似的丝兰蛾需要在植物开花时产卵，获得子代发育的场所。凤尾丝兰可以在演化的过程中和其他昆虫建立新的互利共生关系。同时，我们也可以做一个大胆的假设。凤尾丝兰被移植到新生境时，其繁殖器官中有丝兰蛾的幼虫发育。在这种情况下，凤尾丝兰即可以延续原有的传粉方式。另一方面，凤尾丝兰也有可能在长期演化过程中淘汰虫媒的传粉方式，换为其他方式，例如风媒。风媒花的特点是花柱大，常暴露在外，花粉数量大、颗粒小、质量轻且不易形成团块。在定向选择的作用下，花柱短、花粉重的性状被淘汰，花柱长、花粉轻的性状被保留，从而可以通过风媒的方式进行传粉。

5. 种子的休眠

尽管花期的变化可以确保凤尾丝兰种子的形成，但种子的萌发仍需要在合适的温度和湿度下进行。不同于在北美东南部的凤尾丝兰种子可以直接萌发，华北地区种子在发育后需要经过一段时间休眠。种子的休眠是一种重要的演化现象，在此过程中其生长和发育暂时停止，但可被散布，直到环境适宜时才开始萌发，形成新植株。[4] 例如，旱麦雀（*Bromus tectorum*）在美国西部不同生境中种子的萌发行为不同。莫哈韦沙漠种群的旱麦雀种子需要长时间的休眠，6 月种子成熟后，需要长时间干燥，直到冬季下雨后，水分供应充足才开始萌发。这种休眠机制避免了夏季雷雨期湿度突然增强诱发的萌发，而实际上夏季并不能提供充足的水分供植物发育。与此同时，山地种群的种子却不需要经过休眠，7月成熟后即开始萌发。而这种休眠机制是可遗传的。[5] 同样地，凤尾丝兰在移植到北京后，也需要种子的休眠，在湿度、温度均合适的条件下再开始萌发。

三、散布、扩张中的演化

散布是生物的基本生活史的其中一个阶段。凤尾丝兰在适应北京的新生境后，有很大可能会在新生境中散布、扩张，并与土著物种竞争资源。通过自然选择保留下来的性状使得凤尾丝兰可以在生长、繁殖的早期，在时间上优先抢占资源；种子的散布使得其在水平空间上获得更大的土地资源；而凤尾丝兰植物原有的生长较为高大的性状使其在垂直空间内可以获得更多光照资源。这些性状都能帮助凤尾丝兰在新生境中实现扩张，并极有可能在种间竞争中成为优势种。

1. 种子的快速散布

有一些种子植物的性状表现与入侵性有很强的统计相关性。这些性状包括：种子质量轻，世代周期短，频繁的大量结实，高相对生长率等。种子小与核 DNA 量少、细胞体积小有关。这与快速生长到成熟阶段并产生种子存在相关性。同时，种子质量小意味着种子数量多、种子散布范围广、萌发率高，以及为了打破休眠所需的春化时间短。[1] 凤尾丝兰可以在自然选择的作用下，保留并强化有关性状，增强种群中种子快速散布的能力。

2. 化学抑制的产生

许多植物具有化感作用，即向外部环境释放特定的次生代谢物质，抑制其他植物在自己周围的生长。例如，白花鬼针草（*Bidens alba*）在广东省分布广泛，具有很强的入侵性，是一种潜在性恶性杂草。这与鬼针属植物具有比较强烈的化感作用，容易形成大面积单一种群有关。[6] 不仅是对于有竞争关系的植物有影响，化学抑制的产生也可能针对与其有捕食关系的动物，并形成一种种内互助的防御机制。例如，羚羊在啃食金合欢树的叶子后，金合欢树会释放乙烯。附近未被殃及的树收到信号后，会释放对羚羊有毒的单宁酸，以此形成防御。以上的例子说明，植物可以在长期的演化过程中形成对其他物种的化学抑制，从而在竞争中成为群落中的优势种。同样，凤尾丝兰也可以利用自己的次生代谢物质等，在散布、扩张的过程中具有竞争优势。

四、先锋者效应的影响

凤尾丝兰作为一种外来种，在新生境中会受到先锋者效应带来的遗传漂变的影响，即由少数几个携带有亲本种群中部分遗传变异的个体建立起新的种群，新种群中的基因频率偏离了原来的亲本种群。因此在移植最初，凤尾丝兰种群表现出很低的遗传变异性。但这并不意味着低水平的遗传多样性会限制种群的成功适应。例如，欧洲八哥（*Sturnus vulgaris*）于 1890—1891 年被释放约 100 个个体至纽约，如今，在北美大陆广泛分布。等位酶分析表明，在欧洲种群表现出变异性的位点中，大约有 42% 在北美种群没有变异，且北美不同地区的种群在遗传上没有差异。[7] 尽管其遗传变异性低，较强的行为适应性使得欧洲八哥可以在北美迅速占据广泛生境。同时，种子繁殖和与其他近缘物种杂交的可能性，也可以使得凤尾丝兰的遗传变异性迅速提高至较高的水平，产生更多适应新生境的变异，从而消除先锋者效应可能带来的不利影响。

参考文献

［1］考克斯:《外来种与进化》，李博译，复旦大学出版社，2010。

［2］Sheppard, C. A., Oliver, R. A., "Yucca Moths and Yucca Plants: Discovery of the Most Wonderful Case of Fertilisation", *American Entomologist*, 50(2004): 32−46.

［3］王峥峰、彭少麟:《杂交产生的遗传危害——以植物为例》，《生物多样性》，2003 年第 4 期。

［4］吴相钰等主编:《陈阅增普通生物学（第 4 版）》，高等教育出版社，2014。

［5］Allen, P. S., Meyer, S. E., "Ecology and Ecological Genetics of Seed Dormancy in Downy Brome," *Weed Science*, 50(2002): 241−247。

［6］田兴山、岳茂峰、冯莉等:《外来入侵杂草白花鬼针草的特征特性》，《江苏农业科学》，2010 年第 5 期。

［7］Cabe, P. R., "Dispersal and Population Structure in the European Starling", *Condor*, 101(1999): 451−454.

优秀作业
《大陆和海洋的形成》的形成 [1]

闫可依

序言 科学家不只有大脑

自然科学不同于社会科学。我个人以为，自然科学因其自身的性质，使今日的研究者可以通过清晰的理论学习站在巨人的肩膀上。即便不了解前人所处的社会背景或具身感受，仍然可以掌握并应用其成果。

或许与此相关，我注意到，当一位科学家成为科学史上不朽的里程碑之时，往往也意味着此人将从此与他的理论、成就画上等号。他的性格、经历与他在其他领域的活动常被历史隐没；其作为一个个体的存在被一个抽象的科学概念、一个文化符号完全取代。

伟大的科学家经常不是以完整的"人"的形态载入史册的；许多情况下，名垂青史的只有他们的大脑。

《大陆和海洋的形成》一书是德国科学家阿尔弗雷德·魏根纳(Alfred Lothar Wegener) 于 1915 年首次出版的成名之作。人们经常将此作品评价为地球活动论的奠基之作之一，并引以为板块构造理论的开端。然而，在查阅资料的过程中，我所能找寻到的涉及魏根纳及其《大陆和海洋的形成》的文献（包括我能略微读懂的科普类书籍与我完全读不懂的专业文献），皆倾向于直接引述其成果，批判其理论缺陷；却完全忽略了魏根纳在其原作中透露出的另一部分信息———一部分我认为对读者理解他的学术成果极有帮助的信息。

如果魏根纳将这本书直接写成纯粹地对他的研究发现与理论依据的精确描述，或许我便永远没有机会接近它了。所幸，他在书中保留了丰

---

① 课程名称：地球与空间；本文作者所在院系：社会学系。

富的还未被彻底"清扫干净"的字句，为我勾勒出他与他身处其中的社会环境、文化氛围的互动。这些信息，使我竟能越过各种专业术语及背景知识缺失造成的障碍，一窥他的研究逻辑与分析重点。

本文将主要依据阿尔弗雷德·魏根纳《大陆和海洋的形成》1915年第一版与1929年第四版中译本以及他为自己的著作所写的序言，试图探寻：究竟是何种社会氛围、文化氛围或社会互动形式，孕育出了经典的《大陆和海洋的形成》。

一、本文目的与主要方法

本文试图展现我在阅读学习《大陆和海洋的形成》一书时，注意到的关于作者写作与研究过程中的社会互动状况的信息，希望借此一窥当时的社会文化状况，从而绕过背景知识不足的障碍来理解作者的关键研究思路。

本文主要涉及五种获取我所感兴趣的资料的途径。

首先，商务印书馆出版了《大陆和海洋的形成》1915年第一版与1929年第四版的中译本，包括正文、序言、封面、插图与注释。对比两版正文、插图及注释的内容，可以直观了解魏根纳的理论在这14年间的变化，而这种变化大多并非独自一人坐在书斋中发展出来的，而是与他的社会互动相关。

其次，可以从本书行文结构中看出，他在立论与分析时是有明显的批驳对象的；在第一版中尤其明显。我个人以为，察觉到作者所要攻击的"靶子"对于理解作者的思路尤为重要，因为他所反对的观点其实很大程度上参与了他自身思维模式的建构：在逐一反驳对手论据的过程中，其实他已经走入了对手所创立的分解研究问题的框架之中。

再次，魏根纳在书中时常引用他人文献，为我们提供了观察他身处的学术环境的机会。我们有时会过于习惯于以今人的知识积累俯瞰历史，但这种观察法并不利于我们理解当时的学者们的思考模式甚或思维定势。作者的引述在某种程度上可以被认为是观察当时学者之间社会互动环境的直接资料，有利于理解这些互动与环境究竟引起了他怎样的具身感受。

最后，《大陆和海洋的形成》一书中直接包含了关于作者与同时代其他学者的互动情况，例如他人对作者学说的批判或支持等。

此外，我们从封面上作者的书名、作者的生平经历等细节处也可以了解一些关于作者自身认同的信息。

二、思考框架的搭建

我们可以在《大陆和海洋的形成》第一版第一章及第四版第二章处清晰地找到作者立论时所攻击的目标。我读到，作者在某种程度上反对和批判一些现有学术观点的同时，其思考框架也无可避免地受到这些观点的建构。毕竟，个体在自己的思想形成过程中一定会被当时的主流思想强有力地影响；他不可能离开它们而思考，他的思考当然要以它们为出发点。因此，我们唯有从作者的批判中尽力还原当时学术界主流所持的观点和思维模式，才有可能真正理解作者努力表达的意义。

第一版第一章的题目为"大陆移动论是陆桥沉没说和海洋永恒说的折中"。这一题目以"陆桥沉没说"和"海洋永恒说"两个概念搭建起了一个坐标系，并指出了作者给"大陆移动论"这一理论在坐标系中所确定的位置。第一版第一章，无疑清晰地标定了本书的起始点。

据第一版第一章及第四版第二章的内容，陆桥沉没说与海洋永恒说是当时流行的两种关于古代地球面貌的学说。其中陆桥沉没说以欧洲为根据地，与地球冷缩论紧密相关。当地球因内部冷却而收缩，一些中间大陆的沉没便是一个合理的推论，而且这一理论解释了远隔重洋的大陆间古生物的相似性问题。海洋永恒说则主要流行于美洲，基于大陆沉没理论的一些无法忽视的缺陷，比如大陆沉没不符合重力均衡等，认为"深海盆和大陆地块普遍永恒存在"。但作者认为，这"似乎就是我们地球物理经验的逻辑结论，可是却忽视了有机界的分布要求存在着古代陆地通道"。这两种学说的对立描绘出了两种截然不同的古代地球面目，在角力争执中一起建构了人们对于地球的观念。

作者言道："大陆移动论正是从这里开始的。"地球在同一个时间只能有一个面目。在现有的大陆和海洋分布位置不变的假设前提下，两种理论的矛盾不可调和，一种全新的视角方能于此处萌芽。

我们有理由推测，在大陆移动论的酝酿阶段，陆桥沉没说与海洋永恒说相争的声音极可能始终萦绕在魏根纳心头。唯有解决此二者相互矛盾的问题，才有可能在关于古代地球面目的问题中找到一条明晰的思路。

因此，他在写作的谋篇布局中并未首先推出大陆移动的证据，而是以许多笔墨优先论证重力均衡及大陆地块与洋底异质的问题；并在开篇将一个崭新的理论定位为"折中"。

三、文化氛围与思维定势的熏染

有许多面向非专业读者的科普读物将魏根纳的理论定位为"地球活动论的重要开端"。例如柴东浩等《新地球观——从大陆漂移到板块构造》中写道："大陆漂移的提出，最初是从对'地球僵硬'及'大陆和海洋固定不变'的怀疑和批判开始的，挑战者是当时年仅三十五岁的德国气象学家魏根纳。魏根纳的挑战，使他成为 20 世纪率先推动地球科学前进的第一人。"科普读物中这样的描述，极易给读者造成一种并不十分准确的印象，即"魏根纳是挑战'地球僵硬'，引发'地球活动论'的第一人"。

然而，魏根纳本人似乎并不这样认为。在他的著作中，他引用了大量前人的著作；"地球是活动的"这一富有创造性的思路并非是魏根纳的首创。

《大陆和海洋的形成》第一版第九章："皮克令就已经因大西洋两岸的大范围吻合而设想它们原是一个整体。"魏根纳从未否认早已有人做出过类似这样的设想，不论他们是否给出了严谨的论述。

如果说 1915 年所发表的第一版仅是他宏大构想的一个提纲，1929 年的第四版则是一部更为严谨的学术专著了。显然，他在这期间做了更多的文献研究，并罗列出格林、维特因斯坦、许瓦茨、曼托万尼（Roberto Mantovani）、泰勒（F. B. Taylor）等学者于 1915 年之前发表的涉及"大陆水平移动"设想的作品。

我以为，正如绝大多数的社会历史变迁一样，在某一突出个体做出显著的贡献之前，他身处的那个社会一定早已感受到了那种躁动和变革的力量，并以这一个体为突破口爆发出来。从《大陆和海洋的形成》一书字里行间，我可以读到一种酝酿在当时的学术氛围中的力量正在积蓄。

首先，在魏根纳关于大陆在地表水平移动和变形的论述出现之前，主流思维模式中的地球也绝不是僵硬的。人们心中的地球形象已然十分活跃，组成大陆的物质在海洋中反复发生沉降——大陆可以下沉为洋盆，洋盆也可以上升为大陆。"按照赖尔 (Charles Lyell) 设想的过程，人们假设大陆上的地垒可以无限制地交替升起再沉没。"并且，人们"认为地球由于逐渐冷却而收缩，而且内部比外部收缩得都厉害……外壳不断地变得过大，因而产生一种普遍而持续的水平'穹隆压力'，导致外壳形成皱纹"。除了升降、收缩和褶皱，地球也同样在这一运动过程中坍塌和破碎。"最简短和最精辟地归结为一句话：'我们现在亲身经历的正是地球的破裂。'"

这些描述向我们表明，人们思维定势中的地球早已活动起来了。僵硬的大陆和海洋早已苏醒，而非由魏根纳将它们唤醒。魏根纳所做的是将这些已经十分鲜活的大陆搅扰得更加活泼。他将主流思维中只能在原地升降或坍缩的地块的活动范围扩大到水平方向；又将前人猜测中小心翼翼的水平移动扩展为长途旅行，大刀阔斧地修改地球海陆分布面貌。

我个人以为，在改造人们的世界观时，将死物复活与为活物注入更强的活力是有本质区别的。

其次，当时的学术界已然发现了许多现有理论的矛盾和解释力的空白。这些矛盾和疑惑都在为崭新的学术革命积累力量。

《大陆和海洋的形成》第四版第九章："德彪福写道：'也许还可以举出很多其他例子，它们表明如果不假设在当今分离开的大陆之间存在过通道，况且不仅是像马修 (William Diller Matthew) 所说的只是拆掉了几块桥板的陆桥，而且还有今天为深海洋所隔离开的那种通道，那么在动物地理学中，就不可能对动物分布得出一个人们可以接受的解释。'""一个奇特并标明我们当前知识的不成熟状况的事实是，从生物学或者从地球物理学角度去接触我们地球的史前状态，会得出完全相反的结果。""柯斯马特 (F. Koszmat) 强调指出：'对造山活动的解释，必须考虑到大规模的切线方向壳层运动，这种运动和单纯的冷缩论观念范畴不相协调。'""而且冷缩论那种似乎理所当然的基本假设（即地球在持续冷却），也因镭的发现而完全站不住脚。"

这些引述都在暗示，一种莫名的混乱与焦躁已经在人们的思维意识中蔓延。人们意识到了问题；各个学科在争执，争取填补彼此之间的空白。作者身处学术界之中，以其在各领域的学识基础，恐怕无法不受到这些疑惑与振荡的文化气氛的影响。这无疑会成为推动学者们改变思维定势的强大动力；一个足以填补空白，将因断裂而焦虑的学者们的思绪以新的方式重新连接起来的理论已经呼之欲出。

总之，通过《大陆和海洋的形成》一书中透露出的信息，我隐约领略到了魏根纳所处的环境中，引导他们思考方式及看待地球的方式的社会文化氛围。

四、同时代互动

自魏根纳关于大陆漂移的第一篇论文发表之日起，关于这一理论的争论便从未止息。但无论是支持抑或反对之声，都在促使该理论不断进步和完善，甚至在某种程度上影响了魏根纳的研究思路和进度。我以为，关于这一部分的资料是最能体现《大陆和海洋的形成》一书的创作是以何种方式被作者自身的社会形塑的。

例如，作者在第一版第八章"大陆移动的可能原因"中明确写道："我认为现在提出大陆移动的原因这个问题仍嫌过早。但是因为我第一篇文章的一些批评者提出，原因不可知是我的理论的缺陷，因而下面的阐述在这方面也许是有益的，那就是避免他们散布完全无法找出原因的怀疑。"由此可见，作者安排第八章首先是出于对怀疑及否定的回应，而非已然确知的研究成果。

又如，他在第一版的前言中记录下："我希望等待由于我的第一篇论文引起的德美合作测量精度的结果……因为这次测量一定会显示出理论上要求的精度差的增加。"

作者之兄长库尔特·魏根纳 (Kurt Wegener) 则在为第四版所作的前言中指出："每一版，都基于因开始时反对后来却又表示赞同的批评而汇集起来的材料全部重新改写。"

诸如此类的记述，使我在了解其理论之余，清晰地看到了活生生的场景。一个理论不再如明星乍现一般突然空降到时间轴上，而是在一段历史的环境中、诸多因素的影响中、一个鲜活之人的笔下逐渐成形。

五、局限中的精神气质

显然，与当代科学研究相比，魏根纳的研究具有很大的局限性。他无法像研究大陆那般深入地研究海洋的性质；即使在第四版中他引用了地震波对地球圈层结构的解析成果，却仍然无法像今人一般了解地幔的面目。

他的著作将这些空白和隔膜展现了出来。

他认为太平洋中的诸多岛屿皆是大陆漂移过程中由于海底物质的黏滞性而遗留的碎渣；也提出安第斯山脉的成因是大陆的前端在漂移中被黏稠的海底物质阻塞的结果。关于大陆移动的动力，他唯有将之归因于地球自转与潮汐带来的力量，而无法探求地幔活动为地球运动提供动力的可能性。无疑，他使人们观念中的地球变得活跃了，但还没有活泼到今天我们所认为的那样。

此外，他对深海、洋底的认识几乎完全依靠间接的推测。不同于现代的板块构造理论对于海洋有很强的解释力却在某种程度上忽略了大陆，魏根纳的论据绝大部分来自对大陆上经验证据的观察。此外，尽管他也引述了通过地磁研究、地震波研究等方法获得的证据，他依然喜欢并从未放弃过地理研究最古老的手段之一——直接观察地图。

技术的局限在他的眼目与真实的海底、地幔之间设下重重阻隔，但在一个逻辑基本完整的学说中，这些无法看清的空白全部依靠极丰富大胆的想象力来填补。这样的想象力和建构、归纳能力，仿佛曾出现在许多传世的伟大理论中。

我仿佛从中窥见一丝古典理论家所特有的气质。在社会科学领域，古典时期的伟大学者与现代研究者的气质差别给人最深的感受便是：古典时期的学者更有一种创建宏观普世的、堪称"真理"的理论模型的气魄；他们有勇气去挑战宏大艰难的课题，将早已被现代人所习惯的破碎的"多元化"归纳进普世的真理之中；并且用瑰丽的想象跨越了无数连当代人可能都会望而却步的观测条件局限。他们生活在人类对"科学"和"理性认识"最有信心的时代，甚至对理性的信念已然化为一种激情。他们总是有一种敢于向自然挑战，誓将自然的一切奥秘参透的魄力。

我以为，我在《大陆和海洋的形成》一书中读到的阿尔弗雷德·魏根纳本人，便具有这样的气质和人格魅力。

六、小结："活生生的科学家"

学习《大陆和海洋的形成》这一经典著作，使我在粗浅了解了地学发展史上的一个重大突破之余，得以有机会真正接近一位——甚至一群——本离我太过遥远的自然科学家。我与他们之间总是阻隔着太多障碍，使我难以透过艰深专业的理论接近他们。

然而，在这部著作中，我竟看到了活生生的科学家们，他们如同普通人一样在进行着鲜活的社会互动。他们激烈的论辩勾勒出了一个时代的图景，人类对世界的认知在急速地扩展，思维能力在互相摩擦中爆发出惊人的潜力。

尤其是他所处的时代的学者们，还面临着学科领域中大片的空白可供开疆拓土，而较少地受到前人研究的羁绊，所以他们能让天才的想象力发挥到极致。今天，很少有人能在学术著作中如此肆意地挥洒个人的性格与魅力。

此外，我幸运地通过本书所提供的一些侧面信息加深了对其学说本身的理解，并由此得到启发：在学习自然科学的过程中，我们依然不能全然忽略理论家所处的社会文化背景及其自身性格。

活生生的科学家们，不应当被简化到只剩一个大脑。

参考文献

［1］阿・魏根纳:《大陆和海洋的形成》，张翼翼译，商务印书馆，1986。

［2］柴东浩、陈廷愚编著:《新地球观——从大陆漂移到板块构造》，山西科学技术出版社，2000。

灵性作为科学与宗教的中间道路
——浅析历史上与现实中科学与宗教的关系 [①]

华钰炜

关键词： 科学 宗教 灵性

在本学期的化学与社会课程上，我开始从人文社科的角度来学习自然科学知识，并发现这种跨学科的视角有时会带来一些意外的惊喜。因此我选择了科学与宗教的关系这个跨学科的主题进行研究，希望能在不同理论体系的碰撞中捕捉到灵感的火花，照亮现实并指引未来的发展方向。

本文采用历史－理论－现实的思路，主体分为四部分：第一部分从历史的角度回顾科学与宗教关系的发展变迁，第二部分简要介绍四种阐释科学与宗教关系的经典理论，第三部分引入科学与宗教的中间道路——灵性的概念，第四部分借助灵性的概念分析当前科学发展对宗教的影响。

一、科学与宗教关系的历史

在历史发展的进程中，科学与宗教的关系并非一成不变的，而是经历了四个不同的发展阶段。

远古时代，人们对日升月落、春华秋实、沧海桑田等自然现象背后的原因产生好奇，于是想象出某种超自然力量，尝试通过神话的思维来解释自然现象；同时，人们在面对电闪雷鸣、洪水泛滥、烈火燎原等自

---

① 课程名称：化学与社会；本文作者所在院系：元培学院。

然灾害时感到恐慌和无助，于是设计了旨在沟通神灵、借用神力的神秘仪式，尝试运用巫术的手段来消除自然灾害。无论是神话的思维还是巫术的手段，在远古时代都具有非常重要的意义：一方面，二者的形成和发展都离不开对自然的观察和认识，因此都发挥"准科学"的作用；另一方面，二者都建立在对某种超自然力量的信仰的基础上，因此也都作为"前宗教"而存在。由此可见，科学和宗教是同源的，都在远古时期从神话思维和巫术手段中发展而来。

在古希腊时代理性主义的影响下，科学和宗教都得到了迅速发展。此时科学与宗教之间的关系是一种非对抗关系，最典型的例证就是著名的毕达哥拉斯学派，该学派一方面重视数学和天文学研究，以数为基础建构了独特的宇宙论体系；另一方面宣扬灵魂轮回的观点，具有明显的宗教色彩。希腊化时代，亚历山大大帝的征服战争带来的文化交融再次推动科学迅速发展，阿基米德、欧几里得和托勒密等著名科学家纷纷涌现。古罗马时代，基督教的诞生和崛起标志着宗教逐渐脱离其他文化样式而成为独立的社会建制，甚至与政治权力相结合而成为重要的统治力量。此时科学与宗教之间出现了短时间小范围的摩擦（比如焚烧图书和杀害科学家），但尚未产生长时间大规模的冲突。

在中世纪，宗教不仅是统一的意识形态，而且是统一的政治领导力量。此时科学与宗教之间的关系是一种依附关系。确切地说，科学依附于宗教而发展：一方面，宗教是科学的目的，而科学是宗教的手段，科学的发展归根结底是为了宗教的发展；另一方面，宗教是衡量科学的价值标准，是否符合宗教信条成为判断科学新成果之价值的唯一标准。此时宗教对科学产生了两方面影响：积极方面，教会在一定程度上保存并强化了此前的自然科学传统，并将不同语言的科学著作翻译为拉丁语，推动了科学的传播和交流；消极方面，科学知识一部分被纳入宗教体系而受到控制，一部分被视为异端邪说而遭到封禁，科学的发展在方向、规模、速度等方面都受到宗教的限制。

文艺复兴带来了理性主义的复苏，自然科学逐渐挣脱宗教的限制和束缚，并反过来对宗教产生了冲击。具有标志性意义的事件是"日心说"的提出和验证，这极大地动摇了天主教建立在"地心说"基础上的宇宙观，一定程度上推动了宗教改革。此后新教对科学研究采取宽容甚至鼓励的态度，进而促进了近代自然科学的迅速发展。19 世纪自然科学三大发现进一步削弱了宗教在思想界的地位：细胞学说揭示了生物有机体在构造上的统一性，能量守恒和转化定律揭示了自然界中各种运动形式之间的相互联系和物质的统一性，生物进化论则与宗教的"神创论"发生了尖锐的对立。此时科学与宗教之间的力量对比发生了颠倒，甚至出现了科学取代宗教统治思想界的倾向，并一直延续到现当代。

纵览四个阶段，会发现每个阶段中科学与宗教的关系都受到当时经济、政治、文化等因素的影响。

二、科学与宗教关系的理论

科学与宗教之间的关系是复杂的，近代以来的众多思想家提供了丰富的理论，主要可分为四种。

首先是冲突理论，主张科学与宗教之间的冲突是不可避免的，因为二者在志趣与追求上存在根本差异：神学倾向于一种伦理维度的终极关怀，而科学倾向于一种真理维度的经验事实。作为该理论的代表人物，孔德认为："人类认识的发展先后经过了神学阶段、形而上学阶段和实证阶段，这三个阶段呈现出一种进化的趋势，而神学和哲学的思维对于人类的童年虽然是需要的，却不可避免要为实验科学所取代。"[1] 后来的罗素则提出："宗教与科学之间存在着长期的冲突，直到最近几年为止，科学在这个冲突中总是获得胜利的。"[2] 该理论的缺陷在于，对科学与宗教的认识过于简单，且过于强调二者的分歧，忽视二者的联系，实际上不利于当代科学和宗教的进一步发展。

其次是分离理论，主张科学与宗教就像两条永不相交的平行线，分属不同的研究领域，具有不同的研究对象，采用不同的研究方法，实现不同的社会功能和现实需要。作为该理论的代表人物，卢梭提出区分科学现象和宗教现象的三个标准："要使我亲自听到预言；要使我亲自见到事情的经过；要给我证明这件事情绝不是同预言偶然符合的。"[3] 后来

---

① 奥古斯特·孔德：《论实证精神》，黄建华译，商务印书馆，1996。

② 罗素：《宗教与科学》，徐奕春、林国夫译，商务印书馆，2010。

③ 卢梭：《爱弥尔》，李平沤译，商务印书馆，1981。

的康德进一步将人类的认识范围限制在现象之内，同时将上帝和天堂的问题转移到信仰范围内，换言之，他把上帝从认识领域赶到了道德领域，将认识领域完全留给了科学。① 该理论的缺陷在于，坚持知识二元论的观点，割裂了科学与宗教之间的历史性联系，不利于当代科学与宗教的交流与对话，也不利于社会文化的整体发展。

再次是关联理论，主张科学与宗教体现了两种不同的认识方式，这两种认识方式都存在内在的缺陷和不足，只有相互借鉴、相互补充、相互促进，才能实现共同繁荣，使得人类对"实在"拥有更全面的认识。作为该理论的代表人物，默顿提出："清教的不加掩饰的功利主义、对世俗的兴趣、有条不紊坚持不懈的行动、彻底的经验论、自由研究的权利乃至责任以及反传统主义——所有这一切的综合都是与科学中同样的价值观念相一致的。"② 此外，普朗克、爱因斯坦等自然科学家也支持该理论，表明该理论具有较强的说服力。然而该理论依然存在缺陷，一方面只讨论了基督教而完全忽视了其他宗教，另一方面难以解释科学和宗教在历史上多次爆发的冲突和矛盾。

最后是融合理论，主张科学与宗教之间没有显著的界限，反而存在很多相同点和交叉点，处于你中有我、我中有你的状态。作为该理论的代表人物，伊安·巴伯提出了科学与宗教融合的三种形式，分别是自然科学中的融合、关于自然的神学和系统的综合。③ 当代美国物理学家查尔斯·陶尼斯也为该理论辩护："科学以实验和逻辑试图理解宇宙的秩序或结构。宗教以神学启迪和反思试图理解宇宙的目的或意义。这两者是交织相联的，目的蕴涵着结构，而结构在某种程度上可以根据目的来解说。"④ 可以看到，该理论意在缓和科学与宗教之间的冲突，促进二者的交流和对话，但二者的真正融合在当前仍然无法实现，只能寄希望于未来的科学技术发展和宗教理论改进。

---

① 康德：《道德形而上学奠基》，杨云飞译，人民出版社，2013。

② 罗伯特·金·默顿：《十七世纪英格兰的科学、技术与社会》，范伤年等译，商务印书馆，2000。

③ 伊安·巴伯：《当科学遇到宗教》，苏贤贵译，生活·读书·新知三联书店，2004。

④ 查尔斯·陶尼斯：《科学对社会的影响》，江玉盛，张缨译，2002，第46页。

三、灵性概念的引入

以上四种理论在历史研究中发挥了重要作用，但我们不能止步于此，而要将目光转向当下，在正确认识当前科学与宗教关系的基础上，尝试推动科学和宗教的进一步发展。通过对现实情况的观察分析可知：当前科学精神成为思想界的主流，但依然有 80% 以上的民众拥有宗教信仰；科学界与宗教保守派之间一直存在激烈的斗争，但并未对普通民众的生活产生严重影响；越来越多的人们认识到科学与宗教之间的根本分歧，却能在二者中间保持一种平衡的状态。

面对当前科学与宗教关系的新发展，仅仅运用四种经典理论中的某一种是无法给出合理的解释的，甚至综合四种经典理论后依然无法得到全面的分析，因此我们需要寻找适合现实情况的新思想。在读到山姆·哈里斯的《觉醒：通往灵性的非宗教指南》后，我终于找到了能够补充四种经典理论的一个重要概念——灵性，它在认识方面与科学理论拥有较高的兼容性，又在道德方面与宗教信仰发挥类似的作用，这两方面的优势使得它在近些年来成为越来越多人的选择。

在分析灵性、科学与宗教的关系之前，需要先了解灵性概念的内涵。贝克提出，灵性信仰应该包括一种被称作"觉醒和启蒙"的清晰意识，以及对生活中存在超验实体的领悟。[1]伊万斯主张，灵性信仰只涉及人们生活中的某些方面，强调冥想，即有意识地控制自己的思维，逐渐达到一种超越自身之外的境界。[2]鲁斯认为，灵性信仰就是一个灵性成熟的个体看上去的样子，一旦一个人达到灵性成熟的境界，他就会表现出高度的自我批判和反省意识，并且对理解和知识十分渴求。[3]津鲍尔等人指出，灵性信仰通常指的是从经验角度来描述对上帝或某种更高级力量的信仰，在日常生活层面把价值观念、信仰与行为结合起来，有些时候也涉及神秘体验，或新时代信仰和宗教实践。[4]

---

① Clive Beck, "Education for Spirituality," *Interchange*, 17(1986):148-156.

② Cherelle Evans, "Spirited Practices: Spirituality and the Helping Professions," *Australian Social Work*, 62(2009):425-427.

③ Stuart Rose, "Spiritual Love: Questioning the Unquestionable," *Journal of Contemporary Religion*, 16(2001):205-217.

④ Brian J. Zinnbauer, Kenneth I. Pargament, Allie B. Scott, "The Emerging Meanings of Religiousness and Spirituality: Problems and Prospects," *Journal of Personality*, 67(1999):889-919.

为了更深入地理解灵性，需要将灵性的概念与宗教的概念进行对比。宗教信仰指的是个体信念（如对上帝的信仰）、有组织的宗教实践（如教会活动）以及对某种信仰体系的委身和奉献，最初拥有一个理想化或基本的、旨在促进人们灵性成长的目标，但在经历制度化、形式化后向科层体制屈服，不再专注于启迪、教育和激励信徒的灵性生活，转而与灵性唱对台戏。不难看出，宗教与灵性信仰这两个概念具有类似的含义，都包括信仰和实践两方面，都在道德方面指导并约束人们，都在人们的日常生活中占据重要地位；区别在于，灵性信仰并不必然包含一个逻辑上完善、一致的信仰体系，而呈现出碎片化的特点，也恰恰因此不会与科学理论产生严重的冲突。

四、如今的灵性、科学与宗教

现在我们要回归主题，分析当今科学与宗教的关系。一方面，科学是人类认识和改造世界的有力武器，而宗教指导和约束人们的思想和行为，二者在人类生活中都发挥重要作用；另一方面，科学的自然世界观与宗教的超自然世界观之间存在根本差异，科学的发展总是对宗教造成冲击，而宗教的变革也会影响科学的前进方向。在当前科学与宗教的对立中，科学占据了明显的主动权，而宗教基本上只能被动回应。科学发展对宗教产生了深刻影响，我们可以借助灵性的概念来分析这一影响过程。

第一个步骤是从科学的发展到灵性的崛起。如今脑科学、神经科学、心理学等学科都取得了长足的发展，但没有任何令人信服的科学证据能够证明在大脑之外还存在进行精神活动的心灵和灵魂，这使得人们逐渐放弃超自然的世界观而选择以自然的视角来认识世界。但这并不意味着精神活动是没有意义的，恰恰相反，对意识的研究证明了重复观察、持续反思在认识过程中的积极作用，这说明精神活动在日常活动中发挥了重要作用。因此人们开始寻找一条新的道路，既采用自然的世界观认识世界，能够与科学高度兼容，甚至借助科学进一步完善理论；又强调精神活动的积极作用，在道德方面提供价值准则，为人类生活赋予意义。不难发现，这条道路最终通向的目的地正是灵性。

第二个步骤是从灵性的崛起到宗教的变革。帕特里奇主张，宗教正在给新兴的灵性信仰让路，后者给当代文化重新蒙上了神秘的面纱，一些充满活力的非传统的灵性信仰正在从各种文化的土壤中涌现出来，这包括对自我重要性的强调，主体经验的优先性，带有玄幻色彩的电影与文学作品的流行以及对具有东方文化特征的事物的崇拜。[①] 保罗·希拉斯将这种转变概括为从宗教到"生活的灵性信仰"的文化变迁，其中心和关注点发生了变化：宗教权威、规范化的信仰方式、教条和形式的重要性日益下降，私人的东西、内在感受、个体经验和当下"生活"的权威性逐渐上升。灵性的崛起对宗教造成了冲击，反过来也促进了宗教的变革，尤其是宗教温和派主张进一步推动宗教世俗化。

科学发展对宗教的超自然世界观造成了巨大冲击，而宗教在道德方面所宣扬的"善"其实完全可以通过非宗教的途径来获得。正如山姆·哈里斯所言，"在将精神生活等同于宗教和根本没有精神生活之间，存在着一条中间道路"，这条中间道路就是灵性。换言之，灵性既吸收了科学的世界观，又保留了宗教的道德约束，使得人们能够在科学与宗教之间保持平衡，因此成为当前越来越多人的选择。在我们分析如今科学与宗教的关系时，对灵性的研究具有重要作用和关键意义。

综上所述，本文首先梳理了科学与宗教关系发展的四个阶段，接着简单介绍了能够分析历史变迁的冲突理论、分离理论、关联理论和融合理论，此后为进一步提升理论解释力而引入灵性的概念，最后将灵性的概念作为科学与宗教的中间道路，分析如今灵性、科学与宗教之间的互相影响。

科学与宗教的关系对科学的发展和宗教的变革都具有重要意义，甚至对民众的日常生活也会产生潜移默化的影响，因此这方面的研究是必不可少的。同时，科学与宗教的关系也是复杂多变的，会随着经济、政治、文化等因素的变化而变化，因此这方面的研究需要关注现实、与时俱进。

---

① .Christopher Partridge, "The Re-Enchantment of the West: Volume 1. Alternative Spiritualities, Sacralization, Popular Culture and Occulture," *Nova Religio: The Journal of Alternative and Emergent Religions*, 10(2006):126-127.

参考文献

［1］［美］伊安·巴伯:《当科学遇到宗教》，苏贤贵译，北京：生活·读书·新知三联书店，2004。

［2］周礼文:《论科学与宗教的关系》，中南大学硕士学位论文，2002。

［3］周海亮:《西方科学与宗教关系理论研究》，中央民族大学博士学位论文，2013。

［4］张可馨:《社会文化视野下科学与宗教的关系》，武汉科技大学硕士学位论文，2019。

［5］Sam Harris, *Waking Up: Guide to Spirituality without Religion* (Simon & Schuster, 2014) .

［6］Stuart Rose, "Spiritual Love: Questioning the Unquestionable," *Journal of Contemporary Religion*, 16(2001)：205−217.

［7］Brian J. Zinnbauer, Kenneth I. Pargament, Allie B. Scott, "The Emerging Meanings of Religiousness and Spirituality: Problems and Prospects," *Journal of Personality*, 67(1999):889−919.

［8］Christopher Partridge, "The Re-Enchantment of the West: Volume 1. Alternative Spiritualities, Sacralization, Popular Culture and Occulture," *Nova Religio: The Journal of Alternative and Emergent Religions*, 10(2006): 126−127.

优秀作业

浅议人工智能对"主体"的挑战 ①

孙兆程

摘要： 人工智能一般分为弱人工智能和强人工智能，主体一般指具有行动能力的个体或群体。弱人工智能自身不足以被视作主体，但它可与人作为一个复合主体而存在，为传统的主体概念带来挑战；强人工智能对主体概念的挑战则至少在现阶段是未知的。人工智能的广泛应用将使更多人失业，并进一步模糊"人"与"工具"的界限；人类对人工智能所产生的情感依赖，也可能带来社会问题。这都将导致人工智能与人类处在较为紧张的关系之中。反思这一问题，对未来人工智能的良性发展有着重要意义。

关键词： 人工智能　主体　道德　生产　社会

主体（agency），一般指"具有行动能力的社会群体或个体"②，也就是说，一个主体必然具有主动选择自己的行动并通过这种选择来影响外部世界的能力。从亚里士多德的时代开始，人们便有许许多多围绕主体、主体的行动以及行动所带来的道德责任的讨论；而在这些讨论中，所谓的"主体"实际上就等同于"人"。

然而，随着人类文明的发展，科学技术愈来愈发达，"人工智能"（artificial intelligence，简称 AI）登上历史舞台：从近十年来人工智能的发展便可以看出，它已经初步具备了代替人类学习、判断并决策的能力——从四年前 AlphaGo 战胜围棋世界冠军，再到近两年无人驾驶汽

---

① 课程名称：地球与人类文明；本文作者所在院系：哲学系。

② Stanford Encyclopedia of Philosophy: "agency" 词条，https://plato.stanford.edu/entries/agency/.

车通过种种高难度的测试，人工智能技术的每一点进步都令人在惊喜之余又感到有些恐惧。一些问题由此浮现出来：人工智能能否成为除人类以外的另一种"主体"？人工智能最终是否会取代人类？……随着人工智能的进一步发展，在未来，这些问题将变得愈发迫切。

本文将基于此背景对上述问题展开讨论。在对基本概念进行界定之后，笔者将分别对弱人工智能与强人工智能加以考量，指出 AI 可能对主体定义和人类道德模型带来的威胁；并从生产关系和情感关系两个方面出发，论述 AI 至少能够在部分领域，在一定程度上取代主体，对主体的价值造成一定的威胁，故人工智能与人类的关系将是较为紧张的。

一、人工智能的定义

1. "人工智能"概念的提出

"人工智能"概念的首次提出，是在 1956 年的达特茅斯会议上：彼时，麦卡锡、香农等学者讨论了计算机科学领域尚未解决的问题，并将西洋跳棋程序等比简单的计算器更具"智能"色彩的应用视作"人工智能的体现"[①]。

1956 Dartmouth Conference: The Founding Fathers of AI

John MacCarthy

Marvin Minsky

Claude Shannon

Ray Solomonoff

Alan Newell

Herbert Simon

Arthur Samuel

Oliver Selfridge

Nathaniel Rochester

Trenchard More

Founding fathers of AI. Courtesy of scienceabc.com

图 1 1956 年达特茅斯会议部分参与者照片

---

① 参见腾讯研究院等：《人工智能：国家人工智能战略行动抓手》，中国人民大学出版社，2017，第 84—86 页。

而到 20 世纪末、21 世纪初，随着计算机技术的快速发展以及"人工神经网络的机器学习方法"的引入，人工智能领域有了突飞猛进的发展，其在一些领域的工作能力已可以战胜人类；换言之，其"智能"水平已经不止于模拟人类智能，而是在模拟的同时完成了对人类智能的部分超越。

基于此，我们可以对人工智能作一个初步定义：

> 人工智能是研究、开发用于模拟、延伸和扩展人的智能的理论、方法、技术及应用系统的一门新的技术科学。[①]

2.弱人工智能与强人工智能

人工智能是一个十分宽泛的领域，所以我们需要在这里对其进行更为具体的区分。一般而言，人工智能可被划分为弱人工智能与强人工智能。

弱人工智能（artificial narrow intelligence）是指"通过模拟人类或动物智能解决各种问题的技术"[②]，问题求解、逻辑推理与定理证明、对自然语言的分析、机器学习、人工神经网络、模式识别等技术都是其具体表现形式。

强人工智能（artificial general intelligence）又称通用型人工智能，是指具有自我意识、能够自主决策的人工智能。这样的人工智能将不再仅仅是某一个或几个领域的"工作能手"，它们在各方面的智能都将至少与人类相当。不过，截止到目前，AI 技术尚处在弱人工智能的阶段，真正的强人工智能尚未出现，它只存在于人们对于未来发展的预期之中。

[①] 腾讯研究院等：《人工智能：国家人工智能战略行动抓手》，中国人民大学出版社，2017，第 87 页。

[②] 莫宏伟：《强人工智能与弱人工智能的伦理问题思考》，《科学与社会》，2018 年第 1 期，第 14—24 页。

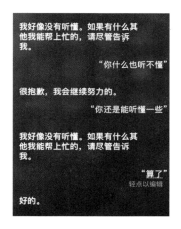

图 2 Siri 语音助手的使用界面。虽然已经能够与用户实现许多有趣的对话，
但就其原理及功能的局限性而言，Siri 显然只是弱人工智能。

二、人工智能对于主体概念与道德模型的潜在挑战

1."主体"的定义

如本文开篇所述，对于主体的定义往往是围绕行动能力展开的。但是，"行动能力"具体所指的是什么？——显然，"行动"与"运动"有着本质的区别。篇幅所限，本文将直接采用当代哲学家哈利·G.法兰克福（Harry G. Frankfurt）的理论，从"行动"出发，对"主体"的概念进行简单的刻画。

法兰克福指出，传统观点一般认为行动（action）和仅仅是如此发生的事件（mere happening）之间的重要区别在于：前者是有意图的（purposive）。因此，我们可以将行动定义为"有意图的运动"。

但事实上，并非所有有意图的运动都是行动，譬如"瞳孔遇光缩小"这样的活动，虽然的确是有所意图的（减少光线对眼球的刺激，保证视物清晰），但我们不会认为这是一个行动，而只将其视作一种机制（mechanism）。它之所以看上去像是行动，是因为瞳孔依赖的乃是作为整体的人，人的主体性让瞳孔的活动**仿佛**也具有了主体性。①

---

① Frankfurt, H. G. *The Importance of What We Care About* (Cambridge University Press, 1998) ,pp. 73−75..

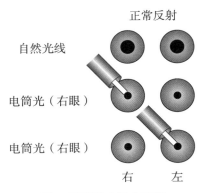

图 3 瞳孔遇光缩小示意

由此可见，"意图"并不能最为准确地刻画行动区别于其他活动的核心特征。那么，行动的特殊性究竟是什么呢？法兰克福认为，人的行动之所以不同于其他物的活动，是因为只有人能够形成二阶意志（second-order desire），即，能够批判性地认识到自己的种种一阶欲望（first-order desire，简单来说就是对于具体事物的欲望）并控制它，选择将其中的一些欲望付诸实践并抑制住另外一些[1]——这个选择的过程必然是有倾向性的。也就是说，二阶意志是"行动"区别于"基于机制的活动"的最为重要的特征，因而也是主体最为重要的特征。

基于此，我们可以得到更为具体的定义：主体就是具有产生二阶意志的能力的个体。只有主体才能承担道德责任（显然我们不会追究金鱼、石头之类的非主体的道德责任），所以人类的一切道德模型都是基于对主体的定义而搭建起来的。

2.弱人工智能：复合主体的挑战

从上述对于主体的定义出发，不难看出，弱人工智能不满足成为主体的条件。对于弱人工智能而言，成为主体所必需的二阶意志，即选择自己对具体事物的欲望的能力，是由人类所给予的，而并非由它自身所产生的。以无人驾驶汽车为例，除非人类给出一个关于"我想去某个地方"的指令，否则无人车将永远不可能**主动**启动，并去往某个**它自己想去**的地方。即便无人车能够根据方位、路况、时间等信息来谋

---

[1] Frankfurt, H. G. *The Importance of What We Care About* (Cambridge University Press, 1998), p.14.

划具体的路线并最终到达目的地，这些活动至多也只是一种一阶欲望，毕竟它并不真的能够意识到并自由地处理这些欲望之间的关系；它只是按照程序的设计来工作，将用户的意愿转化为现实。

图 4　百度无人驾驶汽车

然而，这并不意味着弱人工智能完全不会对既有的主体概念带来挑战。试想如下场景。

一辆由 AI 控制的电车处在高速自动驾驶的状态中，车上的司机可在紧急情况下改为人工驾驶。前方的两个岔道上分别绑着一个人和五个人。若司机切换为人工驾驶并转弯，则电车将轧死一人；若继续自动驾驶，则电车将按照其内部植入的道德原则编码来自行决定是否转弯，可能轧死五人，也可能轧死一人（这由设计者选择植入的程序决定，司机对于具体判断不知情）。在这种情况下，司机应如何做出抉择？电车应怎样选择才是好的？相关的道德责任又该如何归属？

图 5　电车难题：由哲学家 Philippa Foot 提出的经典道德困境

若司机选择让电车自行做出决定，那么问题就出现了：司机似乎不应为电车的选择而承担道德责任，因为他并不能改变电车的选择；但如上文所述，电车也只是根据程序设计行事，因而它并不具备主体性，也就不足以谈论道德上的责任。

一种可能的解决方案是，将司机和电车视作一个整体，要求他们共同作为一个"主体"，共同承担道德责任。① 但是，"人+AI"作为"主体"所具有的内部结构，明显与既有讨论中"人"或"一群人"作为主体所具有的结构有着本质区别；并且这也与"人+物"的结构不同，因为传统的"物"本身并不具有任何决策能力。所以，传统意义上有关"主体"的讨论不能被直接套用到"人+AI"的案例之中。

透过这个思想实验便不难看出，虽然弱人工智能本身并不足以成为与人并列的一类"主体"，但其具体应用中所涉及的"复合主体"问题，已经对传统的主体概念及道德归属问题带来了挑战。

3. 强人工智能：未知的挑战

从定义来看，强人工智能被认为具有自我意识和自我决策能力，出于直觉，我们似乎可以认为强人工智能具备主体所必需的二阶意志，因而是一种"主体"。

但实际上，这仍仅仅是一种模糊的、不可靠的猜测。关于强人工智能，我们必须思考如下问题。

第一，是否只要具有与人脑相类似的运行机制，就一定会有和人类一样的心理进程和心理现象？人脑特有的运行机制是否是人类心理进程和现象产生的**充分必要条件**？

第二，心理进程和心理现象的产生是否必然意味着自我意识的产生？是否只要**看上去能像人类一样思考**和解决问题，我们就可以确认它们有了**和人类一样**的自我意识？

第三，强人工智能如果有自我意识，那么它的自我意识是在哪一时刻出现的？它是否具有另外一种不同于人类的"自我意识"？如果有，那么是什么样的？

---

① Wallach, W., *Robot Minds and Human Ethics: The Need for a Comprehensive Model of Moral Decision Making*, published by Springer Science + Business Media online (July, 2010), pp.243–250.

笔者认为，在未来，如果不首先针对上述问题进行讨论并给出初步的结论，那么有关强人工智能的主体性的种种猜想都将是疑点重重的。篇幅所限，这里不再做进一步讨论。

图6 科幻作品对于强人工智能的想象

不过，无论如何回答上述问题，有一个问题都无法避免，那就是观察视角的局限。对此，曾有人指出：我们不可能准确回答像"成为一只蝙蝠是怎样的体验"这样的问题，因为如果我们是正常的蝙蝠，那么我们也就不可能说人类语言，进行符合人类逻辑的思考。可见，第一人称视角的心理体验并不能被完全还原为第三人称视角的观测数据。[1] AI 亦然：成为一个强人工智能的体验是人类不可能设想的，因此我们对其心理进程与自我意识的判断也将不可避免地带有局限性，对于强人工智能的主体性的判断也可能受此影响。

所以，强人工智能会对主体的定义及道德归属问题带来何种挑战，对于现阶段的我们而言尚属未知；由于视角的局限，我们或许不可能对其进行精确的把捉。

三、人工智能对主体的取代作用

1. 生产关系：人工智能取代工人

人工智能在参与工业生产时效率更高，出错率更低，无须发放工资，且可以全天候连续工作，所以越来越多的国家和地区都开始大规模引入机器人进行工业生产。数据表明，智能机器人的使用让社会生产

---

[1] Nagel,T., "What Is It Like to Be a Bat?," *The Philosophical Review* ,83(1974): 435–450.

力大幅提升，推动经济快速发展；但另一方面，"机器人和工人的比例每增加千分之一，就会减少0.18%—0.34%的就业岗位，并让工资下降0.25%—0.5%"[①]。因被机器取代而导致的这部分失业，就被称作"技术性失业"。

图7 人工智能生产车间

在过去三百年里的两次工业革命中，面临技术性失业的群体主要是从事专业性和创造性水平都比较低的体力劳动的工人。但如今，人工智能的普及可能导致的技术性失业群体显然远不止这一部分工人。如上文所述，弱人工智能已在语言分析、模式识别、汽车驾驶等诸多领域实现了应用；而近年来的一些 AI 也已能够创作出颇具美感的画作或音乐。因此，即便是富有创造性的工作，也有一定的被 AI 取代的可能——即便不会被大规模取代，这些从业者们在不久的将来也难免面对与 AI 的同台竞争。

这样的竞争显然是恐怖的：在资本主义的生产逻辑之下，人类的价值与 AI 的价值被放到同一个标准——也就是生产效率——之下，来加以评判和衡量，并且人类在此种竞争中几乎必然落败。人类作为能动主体所具有的主体性被进一步忽视，在此图景之下，"人"本身的价值与意义将受到冲击，"人"与"工具"的界限也变得更加模糊不清。

---

① 陈永伟、许多：《人工智能的就业影响》，《比较》，2018年第2期，第135—160页。

2. 情感关系：人工智能的"爱"与"被爱"

除生产关系中的取代作用外，人类对人工智能的情感依赖问题也同样值得警惕。如今，用于家政服务、社交、关怀等领域的智能机器人已不鲜见，从智能扫地机器人到人工智能"宠物"，人工智能已经在各个方面走进了我们的日常生活。

Aspect/device	Industrial robots	Computers	Social robots
application	industrial production	any	personal/service
environment	restricted	any	any
appearance	machine-like	machine-like	(often) life-like
programming	task-specific	open-ended	(sometimes) open-ended
actuation	yes	no	yes
mobility	limited	none	(often) unlimited
autonomy	no	no	yes (limited)
agency	no	no	?

表 1 社交智能机器人与其他种类 AI 的区别

不同于其他种类的 AI，具有社交功能的 AI 即便只具有非常局限的功能，就其本身而言不可能成为主体，也很容易给人带来一种"有主体性"的错觉。许多研究已经证明了这一点：只要对人工智能的语音特点进行一定的调整（如，使语速加快），人类就很容易感知到特定的情绪（如，感到紧迫），并受到这种情绪的影响；只要一个智能机器人具备某些动物的特点（如，机器狗 AIBO 会摇尾巴和吠叫），人类就很容易像喜爱真正的动物一样喜爱它；而当人类与一个形似人类的智能机器人长期相处时，人们往往也会向其投射深厚的感情（如，士兵将长期与他一起工作的排爆机器人也视为"战友"）。①

然而，这样的关系却十分值得担忧：人类与人工智能的"情感关系"实际上仅仅是人类情感的单向投射——AI 是被爱者，但它并不向人投射爱，而 AI 的设计者实际上只需要投入很低的成本便可以使人类陷入对人工智能产品的情感依赖。这样一来，这种情感依赖的泛滥便成了潜在的风险：AI 几乎有求必应、能够高效满足使用者的各类需求、甚至在某种意义上可以"不死"，具有超越人类能力的种种特征，而主

---

① Scheutz, M., "The Inherent Dangers of Unidirectional Emotional Bonds between Humans and Social Robots," *Robot Ethics* (The MIT Press, 2012), pp. 205-222.

体间爱与被爱的关系相对而言是复杂而难以理想化的，所以人对于 AI 过强的情感依赖可能同时导致对人类情感的减弱，作为被爱者的人在此意义上部分地被 AI 取代。进一步地，AI 的设计者也可以利用这种依赖来向使用者灌输错误的信念甚至是扭曲的价值观，从而为社会带来不稳定因素。

由此可见，人工智能的发展在许多层面都给人类带来了新的挑战。虽然 AI 在可预见的未来并不会完全取代人类、战胜人类，但人类与 AI 的关系依然是颇为紧张的。

小结

综上所述，关于人工智能对"主体"的挑战问题，我们可以得到如下结论：主体一般指具有行动能力的个体或群体，法兰克福将行动能力具体刻画为"产生二阶意志的能力"。传统意义上的主体有且只有人类，弱人工智能受限于其原理及功能，其自身不足以被视作与人类水平相当的主体；但在人与弱人工智能共同导致的具体的道德困境中，将"人＋弱人工智能"作为一个复合主体可能是一种最佳的解决方案，而此种方案将对传统的主体概念带来挑战。强人工智能是否具有主体性，取决于人类对于人脑机能与自我意识等相关问题的回答，但任何回答都无法避免观测视角的局限问题，因而强人工智能对主体的挑战至少在现阶段是未知的。

除此之外，AI 在生产关系和情感关系等方面对于主体的部分取代作用已经成为当今人类所要面临的重要问题：AI 在生产领域的广泛应用将导致部分工人的失业，并进一步模糊"人"与"工具"的界限；而人类对 AI 所产生的情感依赖，也可能会改变传统人际关系，甚至带来新的社会问题。在此意义上，当今的人工智能与人类的关系无疑是紧张的。

然而，需要明确的是，对于人工智能与主体关系的上述讨论并不以遏制人工智能的发展为最终目的。恰恰相反，笔者坚信，对这些问题的反思与深入讨论有助于我们对人工智能保持理性而开放的态度，而这既有助于让人类与人工智能在未来保持良性的关系，也能让人工智能为人类带来更加美好的生活。

参考文献

[1]Frankfurt, H. G., *The Importance of What We Care About* (Cambridge University Press, 1998).

[2]Nagel,T., "What Is It Like to Be a Bat?," *The Philosophical Review* ,83(1974): 435−450.

[3]Scheutz, M., "The Inherent Dangers of Unidirectional Emotional Bonds between Humans and Social Robots," *Robot Ethics* (The MIT Press, 2012), pp. 205−222.

[4]Stanford Encyclopedia of Philosophy: "agency" 词条 ,

https://plato.stanford.edu/entries/agency/.

[5]Wallach, W., *Robot Minds and Human Ethics: The Need for a Comprehensive Model of Moral Decision Making*, published by Springer Science + Business Media online (July, 2010), pp.243−250.

[6]陈永伟，许多:《人工智能的就业影响》,《比较》, 2018 年第 2 期，第 135—160 页。

[7]莫宏伟:《强人工智能与弱人工智能的伦理问题思考》,《科学与社会》, 2018 年第 1 期，第 14—24 页。

[8]腾讯研究院等:《人工智能: 国家人工智能战略行动抓手》, 中国人民大学出版社，2017。

[9]图片说明: 除图 2、3 为笔者自行拍摄外，其他图片均来源于百度图片: image.baidu.com。

优秀作业

社会排斥对个体行为和认知的影响 [①]

王佳萌

摘要： 社会排斥的概念最早来源于社会学，近年来得到了社会心理学家的广泛关注，它是一种个体在社会中受到他人的拒绝或忽视的现象，对个体和社会都有很大影响。从个体的角度研究社会排斥的影响有助于了解社会排斥对个体的作用机制，并进行具体和有效的干预。本文介绍了社会排斥这一概念进入心理学视野后的一系列研究，对社会排斥对个体行为和认知的影响进行了综述。

关键词： 社会排斥　行为　认知

一、前言

社会排斥（social exclusion）原本是社会学领域中的一个概念，20世纪 90 年代开始，社会心理学家也开始关注社会排斥在社会生活中对于人的心理的作用。心理学界对于社会排斥没有公认的定义，所使用术语也各不相同，有社会排斥（social exclusion）、放逐（ostracism）、拒绝（rejection）等，但意义具有一致性，都意味着个体在社会关系中受到他人的拒绝或忽视。杜建政和夏冰丽（2008）总结了各种观点，提出社会排斥是由于为某一社会团体或他人所排斥或拒绝，一个人的归属需求和关系需求受到阻碍的现象和过程，它有多种表现形式，如排斥、拒绝、孤立、无视等。

根据马斯洛的需求层次理论（Maslow's hierarchy of needs），一旦生理需求被满足，人们就会开始寻求安全（safety）、爱与归属感（love

---

① 课程名称：实验心理学；本文作者所在院系：心理与认知科学学院。

and belonging）乃至尊重（esteem）。正常的社会关系会保障人们的安全，为人们提供社会支持。与他人形成良好的人际关系，被他人和团体接纳和尊重是人的基本需求之一。一旦受到社会排斥，人就不会被尊重，没有归属感，也无法获得社会关系所提供的安全保障。这些需求被剥夺会对人的身心产生相当不利的、甚至是持久的影响。Nolan（2003）对青少年进行了为期三年的纵向研究，发现通过社会排斥可以预测青少年的抑郁。Frode（2014）的一项针对 4 岁儿童的为期两年的纵向研究也发现，社会排斥可以预测儿童的自我控制能力的被损害。Leary（2003）的研究发现，在 1995 年至 2001 年的 15 起大学生枪击案的犯人中，有 13 个主犯曾有过受到社会排斥的经历。以上种种发现，都是我们必须关注社会排斥这一现象及它对个体的影响的原因。由于很多研究都表明，社会排斥对于情绪的影响很小且缺乏一致性，本文只就社会排斥对个体的行为和认知的影响进行总结。

二、社会排斥对行为的影响

1. 对亲社会行为的影响

亲社会行为（prosocial behavior）是比起使自己受益，更多地使他人受益的行为。通常在个体将资源给予他人的同时，个体自身会受到负面影响。但由于亲社会行为有利于社会关系，在社会团体中亲社会行为通常受到鼓励。个体做出亲社会行为的基础是，他认为自己是社会团体的一部分，在这一团体中，人们将互相提供帮助和支持。那么，在个体受到社会排斥时，他们的亲社会行为会怎样变化呢？

即使受到社会排斥，人还是有与他人建立友好关系的刚性需求，因此，Maner 等人（2007）提出了关系重构假设（social reconnection hypothesis），认为人们在遭遇社会排斥时，与其他的个体建立友好关系的动机会提升，因而会做出更多的亲社会行为。实验结果显示，感受到社会排斥的威胁的被试表现出更强的加入学生服务组织的意愿，并且对新朋友表现出更大的渴望，在完成任务时也更倾向于与他人一起完成。不过 MacDonald 等人（2016）发现，在被一个高地位的对象拒绝后，人们会更倾向于拒绝比自己地位低的人，即使对方主动表示可以接受自己。他推测，接受一个低地位的人对人们而言暗示着自己也是一样地位低的人，不利于未来其他的可能关系的构建。

Twenge（2007）则认为，社会排斥会导致人的情感系统（emotional system）无法正常运作，因而共情水平下降，使他们更少地向他人伸出援手。即使他们想要建立新的友好关系，他们降低的信任感和情感系统的麻木也导致他们无法迈出重要的一步。他使用了社会排斥研究领域中的经典范式：孤独终老范式，在被试填写完一个关于人格的问卷以后，给予被试他们将孤独终老的反馈，之后给被试两美元，告诉被试他们可以将钱捐出，结果显示，孤独终老组的被试相比将遭遇不幸组的被试和将拥有良好关系组的被试，捐钱数量显著更少，甚至有很大一部分的被试一分钱都没有捐，而在另外的组中没有出现这种情况。当亲社会行为由捐钱改为几乎不需要耗费资源的帮忙捡笔的行为，孤独终老组的被试仍显著地不愿意给予帮助。在进一步的实验中，Twenge 发现孤独终老组的归属感（feelings of belongingness）和信任感（trust）相较其他组显著降低，但它们不是显著的中介变量，而共情（empathy）是一个重要的中介变量，共情的程度可以显著地预测被试的反应，据此他认为，社会排斥所引发的情感的暂时缺席（temporary absence of emotion）是导致亲社会行为减少的重要原因。

以上两种观点并不矛盾，Maner 也指出，关系重构假设有一定的适用范围，比如它不适用于社会排斥的施加者，也不适用于没有面对面接触的人，因为这些人都不是现实而且积极的社会关系的可能来源。

除了有意识的亲社会行为以外，还有无意识的亲社会行为。无意识行为模仿（nonconscious behavioral mimicry）指的是人们无意识地、无主观动机地去模仿他人的行为。研究表明，模仿可以促进社会关系的发展（Lakin & Chartrand，2003），还能增进信任（Maddux，2008）和亲密感（Ashton-James et al.，2007）。Lakin（2008）提出，无意识行为模仿的成本很低，不需要消耗认知资源，又可以让人"表达"出自己需要归属感的心情，达到亲社会的效果。因此他认为，遭遇社会排斥会导致人们的无意识行为模仿增多。他使用的实验范式是抛球游戏（cyberball）范式，即让被试在网络上和他人玩抛球游戏，但控制他人是否会将球传给被试。实验结果显示，在抛球游戏中遭到社会排斥的被试，在之后与另一个个体进行交流时，更多地模仿了对方的行为，而且没有意识到对方的动作。同时，对于女性被试，若抛球游戏时排斥自己的对象是男性，女性之后的无意识行为模仿不会变多，但当排斥对象是女性，之后被试对于女性的无意识行为模仿会变多，而对男性的无意识行为模仿没有变化。这揭示了即使无意识行为模仿不是有觉知的行为，也还是具有一定的选择性的。Lakin 认为，归属感受到的威胁在其中起到中介作用。因为女性对于男性群体归属感较低，所以被排斥时并没有觉得归属感受到威胁，因而无意识模仿行为没有变化。

2. 对反社会行为的影响

一项对校园枪击案的犯人的研究发现，他们中大多数曾经有过被拒绝和被欺凌的经历（Leary，2003），这也让心理学家们将社会排斥和攻击性行为（aggressive behavior）联系到了一起。良好的人际关系对于人的社会化至关重要，而社会排斥剥夺了人与他人交往的机会，也带来了糟糕的情绪，因而可能会导致人的攻击性增强，攻击性行为变多。Twenge（2003）发现，被告知自己将孤独终老的被试在受到具有侮辱性质的批评时，相比控制组和将遭遇不幸组的被试，对批评自己的人的恶意更大，会更大程度地妨害对方的利益。此外，这一现象在面对没有对自己进行评价的中立对象时也会出现，不过对于表扬自己的对象，受到社会排斥的被试没有表现出攻击性。虽然行为发生了显著的变化，在受到社会排斥的前后，被试的压力和情绪没有明显的变化。Twenge 对此的解释是，社会排斥在被试身上导致的并不是压力，而是麻木感（numbness）。在 Moor（2012）的研究中，被试对于中立的对象没有表现出攻击性，两个实验中出现了不一致，值得继续探索。后续研究中，Twenge（2007）发现，使被试回忆起以往的积极社会交往事件可以有效地减少受到社会排斥的被试的攻击性行为。

3. 对其他行为的影响

除了社会行为以外，社会排斥还会影响与人际交往无关的一些个人行为，很多时候会带来负面的结果。

例如，Baumeister 等人（2005）提出，社会排斥会降低人们的自我控制（self-regulation）能力，受到社会排斥的被试更可能拒绝喝掉一杯不好喝但对身体有益的饮料，摄入更多的对健康有害的甜食。他们还发现，这种自我控制能力的降低不是因为人们做不到，而是不情愿去做。

如果提供金钱刺激或提高被试的自我觉知，被排斥者也能有效地进行自我控制。他们推测，人与社会之间存有一种协议，个体通过自我控制克制一些自私的欲望来获得社会的接受，从而更好地生存。如果自我控制失败，个体就可能遭到社会排斥，同时社会排斥破坏了协议，也将使得个体不愿进行自我控制。自我控制能力的降低可以解释受到社会排斥的个体的一系列行为，包括上文所述的风险承担行为的增加和攻击性行为的增加。而自我控制能力降低可能是因为社会排斥使人们的自我觉知（self-awareness）程度降低，而人们需要自我觉知去调节自己的行为。自我觉知降低的具体原因将在后文中进行叙述。

三、社会排斥对认知的影响

相比于行为反应，认知变化更具有基础性，因而得到了广泛的研究。金静和胡金生（2013）将社会排斥后的认知改变分为三个方面，分别是：为了满足归属需要而产生的趋近性认知反应、为了避免归属需要受到更多损害而产生的逃避性认知反应、对竞争性认知过程的抑制。本文则以认知的对象为标准进行分类，对社会排斥引起的认知变化进行总结。

1. 与他人相关的认知变化

Maner 等人（2007）发现，社会排斥的威胁会使人们觉得他人更加友善和富有亲和力，这一认知也会促使他们与对方建立友好关系。由于重新建立关系的需求，他们对群体内成员的一致性的评价也会显著提高（津村健太 & 村田光二，2016）。在一项近期研究中，Pessi 等人（2016）提出，因为社会排斥会增强人们对归属感的需要，所以他们会更多地寻找与接纳有关的信号，比如视线接触。实验中，被试被要求看一组照片，其中一些照片与被试有视线接触，而一些照片在斜视，与被试没有视线接触。相比于没有被社会排斥的被试，经历过社会排斥的被试倾向于认为那些斜视的目光也在注视他们。被注视通常意味着被接受，这种视线范围扩大现象（cone of gaze）被认为有助于帮助被拒绝的人缓解遭受到的打击。

但 Dewall（2009）也提出，社会排斥也会带来对他人的敌对性认知，而且这种认知是社会排斥和攻击性行为的一个重要的中介变量。

他发现，受到社会排斥的被试会产生敌对认知偏差（hostile cognitive bias）。他们倾向于将中性词语和攻击性词语联系在一起，在完成句子时填入攻击性词语，认为他人的中立行为是含有敌意的。Beyer（2014）在 fMRI（功能性磁共振成像）研究中发现，受到社会排斥的被试对于社会性情绪刺激（socio-emotional stimuli）的反应更为强烈，镜像神经元系统等脑部区域激活程度更大，激活程度在社会排斥和攻击性行为之间起到中介作用。

2. 与自身相关的认知变化

在受到社会排斥时，人们会寻找自己受到这种待遇的原因，对于自身的认知也会发生变化。Twenge（2003）发现，受到社会排斥的人会降低自己的自我觉知，以避免对于自身的缺点和不足进行痛苦的反思。社会排斥激起了人们对自身的不足的警觉，而作为一种自我防御，人们会相应地降低自己的自我觉知，以避免陷入痛苦。

即使人们降低自己的自我觉知，他们还是不可避免地受到他人的拒绝的影响。Bastian 和 Haslam（2010）发现，社会排斥会导致被试对自己与排斥自己的人的评价非人化（dehumanizing），认为自己和他们都缺乏人性特质，更加像动物。Andrighetto 等人（2016）在社会排斥中使用与动物有关的比喻，如"你玩游戏的时候像只狗"，与"你玩游戏时真笨拙"进行对比，发现被试认为自己被非人化的程度相比使用与动物无关的话语时显著提高，同时这一程度与他们的攻击性行为呈正相关。对受到社会排斥的人而言，被比作动物，一定程度上意味着被排斥出整个人类群体。

Twenge（2003）发现，在受到社会排斥后，被试没有表现出明显的负面情绪，反而呈现出一种麻木的状态，他们没有负面情绪，也没有正面情绪。而后期研究表明，这种麻木的状态不仅限于心理活动，而且会扩展到身体上。一项运用 fMRI 的研究发现，社会排斥在大脑中激活的区域与生理疼痛激活的区域是一致的（Eisenbeger et al., 2003），由此可以认为，"心痛"这一说法是有依据的。Eisenberger 与 Lieberman（2005）提出的痛苦重叠理论（pain overlap theory）认为，身体疼痛和社会排斥带来的"疼痛"具有相同的生理基础。Dewall 和 Baumeister（2006）发现，在告知被试他们会孤独终老后，他们在物理上的痛觉阈限和痛觉忍耐力都有了明显的提高。Bernstein 和 Claypool（2012）对此进行了进一步研究，他们提出社会排斥对疼痛感觉的影响和社会排斥的程度有关。在严重的社会排斥情况下，人们倾向于变得麻木，从而减轻自己感受到的痛苦，而在轻微的社会排斥情况下，由于有关生理疼痛的脑区被激活，人们会变得对疼痛更加敏感。他们将孤独终老范式和抛球游戏范式引起的被试的反应进行对比，发现前者带来的社会排斥的影响更加严重。实验结果显示，将要孤独终老的被试的痛觉阈限显著提高，而抛球游戏的被试痛觉阈限显著降低。这也提示研究者们要注意不同实验范式带来的区别。

3. 对其他事物的认知

生命的意义感与幸福有密切的关系，而健康的社会关系是幸福感不可或缺的构成部分。实验表明，社会排斥会导致被试的人生意义感降低（Stillman，2009）。在无法与他人建立联系时，为了找回人生的意义感，人们有时会寄希望于一些超自然的力量。Graeupner 和 Coman（2016）发现，社会排斥会导致人们对阴谋论和迷信的信仰加深，而对意义的追寻在其中起到很强的中介作用。

在近期兴起的具身认知（embodied recognition）研究中发现，社会排斥会让人感到寒冷并寻求温暖的事物，符合我们常说的"心寒"的隐喻（Zhong & Leonardelli，2008）：与回忆社会接纳情境的被试相比，回忆社会排斥情境的被试会认为室内的温度更低；在抛球游戏中被排斥的被试更加喜欢热的食物和饮料。Ijzerman（2012）对此进行了进一步探索，他认为我们在进化中形成了在社会认知过程中综合身体感觉信息的机制，例如：在婴儿时期，我们需要通过对方的温暖程度来决定谁是可以依靠的亲密个体。因此，我们才会将身体的温度与社会情境联系在一起。Ijzerman 猜测，被社会排斥会使我们身体的温度降低，而寒冷感反过来也为对社会排斥的认知提供了线索。实验结果显示，在抛球游戏中被排斥的被试的手指皮温显著低于被接纳的被试。这无疑支持了他提出的假设。

四、总结

对于社会排斥对个体行为和认知的影响的研究成果有很多，研究中使用的范式大多是较为经典的孤独终老范式和抛球游戏范式，不同研究的结果间具有较高的一致性，也体现出了较强的可重复性，但至今为止的研究都比较碎片化，不成体系。

无论是在认知方面还是行为方面，受到社会排斥的个体的表现在不同条件下都呈现出一种矛盾性：在攻击性行为增加的同时，亲社会行为也有可能增加；对他人的认知既可能更加积极，又可能会带有攻击性。社会排斥是一个较为复杂的现象，其中有很多不同的条件，会对个体带来不同的影响，将这些看似矛盾的反应统一起来需要一个较为精细的模型。

目前为止有关社会排斥的影响的理论模型有 Richman 和 Leary（2009）提出的多元动机模型（multi-motive model）和 Williams（2009）的需要－威胁的时间模型（temporal need-threat model）。多元动机模型认为，被排斥者的即时反应是一致的，如自尊的下降和感到痛苦，但对排斥事件的解释会影响到之后的行为反应。在被排斥后，个体会出现三种动机，分别是亲社会动机、反社会动机和退缩回避动机。个体对排斥事件的解释会影响不同动机的比重，进而导致不同的行为。这一模型可以解释很多现象，但在解释和预测较为复杂的反应时显得比较机械。需要－威胁的时间模型将个体在被排斥后的反应分为反射（reflexive）、反省（reflective）和退避（resignation）三个阶段。在反射阶段，个体的反应类似于进化中形成的本能反应，感到基本需要（fundamental needs）的满足受阻，负面情绪上升，这些反应在个体之间没有差异。在反省阶段，个体会根据自己受阻的需要来决定下一步的行为，如果控制感受阻，攻击性行为就会变多，如果归属需要和自尊需要受阻，个体就会变得更加亲社会。如果个体长期遭到排斥，反省阶段的行为没有带来改善，他们就会进入最终的退避阶段，出现疏离感，感到无助并逃避社会活动。但也有研究表明，反射阶段的反应也是有个体差异的，受到被排斥者人格的影响。

以上两个模型分别从基本需要受到威胁的假设和事件解释导致行为反应的理论出发，对于社会排斥带来的影响进行了总结，但都有不完善之处，只能用于解释，不能用于预测。这一领域中依然需要一个新的生态效度较高的模型。

五、研究展望

研究社会排斥的最终目的是减少它对个体的负面影响，在社会排斥的研究领域，一些近期研究开始关注在什么条件下社会排斥不会对个体造成负面影响。比如，如果改变实验中的社会规范（social norms），告知被试在抛球游戏中人们会将球抛给自己不喜欢的人，那么被排斥的被试就不会因此感到痛苦（Rudert & Greifeneder，2016）。研究者们也开始注意到文化在社会排斥中所起到的作用。Michaela（2016）的跨文化研究显示，集体主义文化和个人主义文化中的个体对社会排斥的反应不同，相比个人主义文化中的个体，集体主义文化中的被试的基本需要满足程度降低得更少，甚至于不受影响。这一现象在心理和生理上具有一致性，他们测量受到社会排斥的来自不同文化的被试的心率，发现德国被试（来自个人主义文化）的心率明显上升，而中国被试（来自集体主义文化）的心率没有变化。Michaela 认为，这是由于社会排斥不会影响集体主义文化中的个体的自我建构的核心，但会被个人主义文化中的个体知觉为对自己个人的特质的否定，因而导致负面影响。至今为止的研究中的被试大多数来自北美洲的个人主义文化环境，今后可以增加一些跨文化研究，考察不同文化下社会排斥带来的影响。

此外，至今为止的研究都将关注点放在被排斥者受到的影响上，对于社会排斥的产生原因的研究还比较少。在今后的研究中，可以增加对排斥者的心理的研究，以期从根源处减少社会排斥。

参考文献

［1］Andrighetto, L., Riva, P., Gabbiadini, A., & Volpato, C., "Excluded from All Humanity: Animal Metaphors Exacerbate the Consequences of Social Exclusion," *Journal of Language & Social Psychology*, 35(2016): 628-644.

［2］Ashton, C., James, Baaren, R. B. V., Chartrand, T. L., Decety, J., & Karremans, J., "Mimicry and Me: the Impact of Mimicry on Self-construal," *Social Cognition*, 25(2007): 518-535.

［3］Bastian, B., & Haslam, N., "Excluded from Humanity: the Dehumanizing Effects of Social Ostracism," *Journal of Experimental Social*

Psychology, 46(2010): 107-113.

［4］Baumeister, R. F., Dewall, C. N., Ciarocco, N. J., & Twenge, J. M., "Social Exclusion Impairs Self-regulation," Journal of Personality & Social Psychology, 88(2005): 589-604.

［5］Bernstein, M. J., & Claypool, H. M., "Social Exclusion and Pain Sensitivity: Why Exclusion Sometimes Hurts and Sometimes Numbs," Personality & Social Psychology Bulletin, 38(2011): 185-196.

［6］Cheung, E. O., & Gardner, W. L., "The Way I Make You Feel: Social Exclusion Enhances the Ability to Manage Others' Emotions," Journal of Experimental Social Psychology, 60(2005): 59-75.

［7］Dewall, C. N., & Baumeister, R. F., "Alone but Feeling no Pain: Effects of Social Exclusion on Physical Pain Tolerance and Pain Threshold, Affective Forecasting, and Interpersonal Empathy," Journal of Personality & Social Psychology, 91(2006): 1-15.

［8］Dewall, C. N., & Twenge, J. M., "It's the Thought That Counts: the Role of Hostile Cognition in Shaping Aggressive Responses to Social Exclusion," Journal of Personality & Social Psychology, 96(2009) 45-59.

［9］Du, J. Z., & Xia, B. L., "The Psychological View on Social Exclusion," Advances in Psychological Science, 16(2008): 981-986.

［10］Eisenberger, N. I., Lieberman, M. D., & Williams, K. D., "Does Rejection Hurt? An fMRI Study of Social Exclusion," Science, 302(2003): 290-292.

［11］Eisenberger, N. I., & Lieberman, M. D., "Why It Hurts to Be Left out: the Neurocognitive Overlap between Physical and Social Pain," in William, K. D. (ed.), Social Outcast Ostracism (Psychology Press, 2005): 109-130.

［12］Graeupner, D., & Coman, A., "The Dark Side of Meaning-making: How Social Exclusion Leads to Superstitious Thinking," Journal of Experimental Social Psychology, 69(2016):100-118.

［13］Ijzerman, H., Gallucci, M., Pouw, W. T. J. L., Wei βgerber, S. C., Doesum, N. J. V., & Williams, K. D., "Cold-blooded Loneliness:

Social Exclusion Leads to Lower Skin Temperatures," *Acta Psychologica*, 140(2012): 283−288.

［14］Jin, J., & Hu, J. S., "Cognitive Reactions After Social Exclusion," *Advances in Psychology*, 4(2014): 96−103.

［15］Lakin, J. L., & Chartrand, T. L., "Using Nonconscious Behavioral Mimicry to Create Affiliation and Rapport," *Psychological Science*, 14(2003): 334−339.

［16］Lakin, J. L., Chartrand, T. L., & Arkin, R. M., "I Am Too Just Like You: Nonconscious Mimicry as an Automatic Behavioral Response to Social Exclusion," *Psychological Science*, 19(2008): 816−822.

［17］Lyyra, P., Wirth, J. H., & Hietanen, J. K., "Are You Looking My Way? Ostracism Widens the Cone of Gaze," *Quarterly Journal of Experimental Psychology*, 70(2017): 1−32.

［18］MacDonald, G., Baratta, P., & Tzalazidis, R., "Resisting Connection Following Social Exclusion: Rejection by an Attractive Suit or Provokes Derogation of an Unattractive Suitor," *Social Psychological & Personality Science*, 7(2015): 766−772.

［19］Maddux, W. W., Mullen, E., & Galinsky, A. D., "Chameleons Bake Bigger Pies and Take Bigger Pieces: Strategic Behavioral Mimicry Facilitates Negotiation Outcomes," *Academy of Management Annual Meeting Proceedings*, 44(2008): 461−468.

［20］Maner, J. K., Dewall, C. N., Baumeister, R. F., & Schaller, M., "Does Social Exclusion Motivate Interpersonal Reconnection? Resolving the 'Porcupine Problem'," *Journal of Personality & Social Psychology*, 92(2007): 42−55.

［21］Moor, B. G., Güroğlu, B., Macks, Z. A. O. D., Rombouts, S. A. R. B., Molen, M. W. V. D., & Crone, E. A., "Social Exclusion and Punishment of Excluders: Neural Correlates and Developmental Trajectories," *Neuroimage*, 59(2012): 708−717.

［22］Park, J., & Baumeister, R. F., "Social Exclusion Causesa Shift Toward Prevention Motivation," *Journal of Experimental Social Psychology*, 56(2015): 153−159.

［23］Pfundmair, M., Aydin, N., Du, H., Yeung, S., Frey, D., & Graupmann, V. "Exclude Me if You Can: Cultural Effects on the Outcomes of Social Exclusion," *Journal of Cross-Cultural Psychology*, 46(2015): 579−596.

［24］Richman, L. S., & Leary, M. R., "Reactions to Discrimination, Stigmatization, Ostracism, and Other Forms of Interpersonal Rejection: A Multimotive Model," *Psychological Review*, 116(2009): 365−383.

［25］Rudert, S. C., & Greifeneder, R., "When It's Okay that I don't Play: Social Norms and the Situated Construal of Social Exclusion," *Personality & Social Psychology Bulletin*, 42(2016).

［26］Stenseng, F., Belsky, J., Skalicka, V., & Wichstrøm, L., "Social Exclusion Predicts Impaired Self-regulation: a 2-year Longitudinal Panel Study Including the Transition from Preschool to School," *Journal of Personality*, 83 (2015): 212−220.

［27］Stillman, T. F., Baumeister, R. F., Lambert, N. M., Crescioni, A.W., Dewall, C. N., & Fincham, F. D., "Alone and Without Purpose: Life Loses Meaning Following Social Exclusion," *Journal of Experimental Social Psychology*, 454(2009): 686−694.

［28］Tsumura, K., & Murata, K., "Effect of Social Exclusion on the Perception of the Similarity of Group Members," *Japanese Journal of Personality*, 32(2016): 1−9.

［29］Twenge, J. M., Baumeister, R. F., Tice, D. M., & Stucke, T. S., "If You Can't Join Them, Beat Them: Effects of Social Exclusion on Aggressive Behavior," *Journal of Personality & Social Psychology*, 81(2001):1058−1069.

［30］Twenge, J. M., Baumeister, R. F., Dewall, C. N., Ciarocco, N. J., & Bartels, J. M., "Social Exclusion Decreases Prosocial Behavior," *Journal of Personality & Social Psychology*, 92(2007): 56−66.

［31］Twenge, J. M., Catanese, K. R., & Baumeister, R. F., "Social Exclusion and the Deconstructed State: Time Perception, Meaninglessness, Lethargy, Lack of Emotion, and Self-awareness," *Journal of Personality & Social Psychology*, 85 (2003): 409−423.

［32］Twenge, J. M., Zhang, L., Catanese, K. R., Dolan-Pascoe, B., Lyche,

L. F., & Baumeister, R. F., "Replenishing Connectedness: Reminders of Social Activity Reduce Aggression After Social Exclusion," *British Journal of Social Psychology*, 46(2007): 205−224.

［33］Uskul, A. K., & Over, H., "Responses to Social Exclusion in Cultural Context: Evidence From Farming and Herding Communities," *Journal of Personality & Social Psychology*, 106(2014): 752−771.

［34］Williams, K. D., "Chapter 6 Ostracism: a Temporal Need Threat Model," *Advances in Experimental Social Psychology*, 41(2009): 275−314.

［35］Zhong, C. B., & Leonardelli, G. J., "Cold and Lonely: Does Social Exclusion Literally Feel Cold?" *Psychological Science*, 19(2008): 838−842.

优秀作业
生于林海，依于乔木
——森林的形成及其对人类文明的影响 ①

林牧阳

摘要：森林，是以木本植物为主的乔木与其他植物、动物、微生物和土壤共同组成的复杂生态系统。它随着地球生态环境的演变而形成、演进，成了当今地球上最大的陆上生态系统。从人类的进化到人类文明的诞生与发展，森林都扮演着十分重要的角色。人类的过去、现在和未来都与森林息息相关。但是，当今世界森林的状况却不容乐观，需要全人类共同思考与行动。本文从森林的形成过程入手，重点探讨了森林对于人类文明的影响，并提出了对于森林与人类的现存问题与未来出路的一些思考。

关键词：森林　森林演化　人类文明　生态保护

一、引言

在联合国粮食及农业组织（FAO）的定义中，森林是"面积在 0.5 公顷以上、高于 5 米、林冠覆盖度超过 10%，或数目在原生境能够达到这一阈值的土地"。在一般的看法中，森林是由集中的木本植物或达到一定直径的竹子与其他植物、动物、微生物和土壤共同组成的复杂生态系统，是非生物环境与生物体的有机结合。伴随着地球环境的演变以及各自然因素的变化，森林经历了从形成到演进的漫长历史过程，其存在亦对人类文明的形成与发展产生了巨大而深刻的影响。

---

① 课程名称：地球与人类文明；本文作者所在院系：中国语言文学系。

二、森林的形成与演进

现代森林的形成与演进，经历了一个漫长的历史过程。从构成森林的植物种类的角度划分，森林的演化过程可以分为蕨类古裸子植物阶段、裸子植物阶段和被子植物阶段。在此过程中，自然界的各种因素共同发生作用，推动着森林演化的进程。其中，风、水与火是最具影响力的外部无机环境因子。

1. 风

作为一个重要的生态因子，风对陆地植物的发育、生长与繁殖具有首要作用。风对于植物的影响，突出表现在植物的表型结构、根系与生理学方面。为了减小风阻，植物在强风作用下往往会通过矮化、减小冠幅、调整叶型等方式改变表型结构；根据树木直立生存的力学原理，树的稳定性需要依靠根系的固定作用以具备黏性土形成大土团从而抵御大风；风也会对植物的蒸腾速率及光合生理产生影响。

在 5 亿年前到 4 亿年前的早古生代，地壳抬升运动使大片深海域变为浅滩和沼泽地。原本生存在海洋中的植物从完全的水生演化为根部靠沼泽、上部躯干靠空气的半陆生植物。裸蕨（*Psilopsida*）即为此时期植物的代表。它从"光棍"型的光蕨演化到 Y 型分支的莱尼蕨和工蕨，无叶无根，难以抵御大风，在距今 3.5 亿年前的泥盆纪晚期即已趋于灭绝。到晚古生代末期，为了适应风力的增强，裸蕨演化为具有根茎叶分化的陆生蕨类植物，陆地上形成了大面积的蕨类森林。中生代时期，全陆生、靠种子繁殖且生长缓慢的裸子植物出现，成了恐龙的主要食物。这一时期的风力并不强劲，因此，尽管这时的土层尚缺乏黏性，树木也不会轻易折断，尽管此时已经具备了产生林火的茂盛森林和充足氧气，但云团无法大规模移动、碰撞，因此无法产生雷电。生命力脆弱的蕨类植物和裸子植物，得以"安全"地形成了大面积的森林。新生代以降，高等被子植物与更具生命力的草本植物、单子叶植物出现，使得森林成为一个植物种类更加丰富、抵御外界能力更强的生态系统，遍布于地球各地。

同时，大规模的风为大规模水汽输送和雨雪天气的产生带来了可能，并由此在陆地内部储存了大量水资源、通过雨雪天气加快岩石的风化与土壤的形成，为森林在陆地上广泛分布奠定了基础。此外，引发林火的雷电也是风造成的自然现象。由此可知，风是森林形成历程中最重要、影响最广泛的因子。

2. 水

植物的生长离不开水分，森林的形成与发展与地球上水循环的形成过程有着密切的关系。

在古生代与中生代，由于微弱的风力无法促成大规模大气环流的产生，内陆地区极度干旱、缺乏降水。因此，此时的森林仅分布于浅水域和沼泽地。古生代末期，大面积浅水域和沼泽地逐渐消失，蕨类植物因失去繁盛环境条件而走向灭绝，裸子植物成了构成森林的新物种。新生代以后，随着地壳运动、高大山系出现与大气环流的增强，长距离水循环具备了存在条件。海洋上的水分经过蒸发、水汽输送深入内陆，形成了大规模的降水天气。降水天气一方面为植物生长提供了必要的水分，并形成了冰川、河流湖泊与地下水，使得淡水在陆地上得以蓄积；另一方面又加快了地表岩石的风化与土壤的形成。土壤含水量会影响其黏性和植物根系所能达到的深度，为植物抵御大风提供了力学基础。

此外，水分的多少也是植物类型的主要决定因素之一。水分与热量条件的差异促使当今地球森林分化为针叶林、针叶落叶阔叶混交林、落叶阔叶林、常绿阔叶林、热带雨林、热带季雨林、稀树草原和灌木林等丰富的类型。陆上降水的差异也造成了从沿海向内陆森林分布密度的差异。

3. 火

火对于森林形成和演进的过程具有两面性作用，它既是森林的毁灭者，又是森林更新的推动者。

在古生代与中生代，大风的缺失使得云团无法长距离大规模频繁移动，于是雷电少有、林火未生。新生代以来，随着地球气候的变化，风雨天气开始出现，频繁的雷电给森林带去了火光。与此同时，森林的种群类型已经演化至被子植物阶段，其生命力与再生能力显著增强。到古近纪后期，生命力最为顽强的被子草本植物出现，它是真正的"野火烧不尽，春风吹又生"的典范。实际上，频发的小型林火往往不会给森林带来毁灭性打击，而是在森林环境的演化中扮演了重要角色。首先，小型林火可以消耗那些积存于地表的枯枝落叶等可燃物，避免更大规模的火灾给整个森林带来重大创伤，同时也使得新苗有了更多的生长空间。其次，燃烧后形成的草木灰烬能够增加土壤的肥力，避免树木密度过大产生的养分不足等状况，同时烧掉害虫与病菌。此外，林火过后地温的提高还能为某些树木种子的萌芽提供合适的温度条件。总而言之，适度的小型林火对森林生态系统的自然演进具有一定的积极意义，但大范围的林火会对森林带来不可估量的危害。

三、森林对人类文明产生与发展的影响

森林常常被人们冠以"绿色宝库""地球之肺""天然蓄水库"等美誉，足见其经济价值、社会价值于人类意义之重。纵观人类文明由诞生到发展的进程，从古猿的进化成人到原始社会的出现，从农耕文明的起源再到工业文明的发展，森林在其中都发挥着不容忽视的作用。

1. 人类的起源

从人的生物学特性来看，森林是人类实现由动物向智慧生物的飞跃的基本自然条件。7000万年前，原始食虫类哺乳动物出现在地球上。这种原本在地面上生活的动物产生了一个上树生活的支系，并进化为原始灵长类动物。在森林中生活的磨炼，使它们逐渐具备了由猿到人的生理条件。

为了在树上生活，攀缘成了必不可缺的生存技能。向上攀爬与左右借力的需求使得爬行动物原本均用于支撑身体的四肢出现了功能分化：前肢更多地用于攀附，从而为其转变为灵巧的双手带来了可能；后肢更多地用于支撑身体，且更多地出现了直立活动，由此促进了骨盆与灵活关节的发展，为后肢转变为直立人的双腿奠定了基础。与此同时，视觉代替嗅觉成为在树木之上生活的最重要感官。因此，不同于爬行动物两眼向下、头脑低垂、嘴鼻伸长的形态，猿类逐渐进化出双眼增大、头部灵活、嘴鼻收缩的生理特征。这一系列的生理变化与森林生存时相对复杂的活动结合起来，最后集中地表现为大脑沟回的加深、脑量的增大与皮层的发达，产生了萌芽状态的"意识"与"劳动"，为猿类向人类的进化提供了必要的生理条件。

2. 原始社会文明

人类诞生之后，经历了漫长的原始狩猎、采集文明时期。这一时期，人类以群体性巢居或穴居为主，在森林中进行采集果实、狩猎等活动，并由此产生了最早的性别分工。同时，森林也是自然之火产生的必要条件，为人类学会生火、存续火种提供了可能，使人类告别了茹毛饮血的时代。人与动物的根本区别在于能否制造工具、进行劳动，而在森林中生存的需要和森林中丰富的原材料促使早期人类开始制作和运用工具。依据现代考古发现与研究成果，原始社会的森林文化大致可以划分为原始木器，木石，石木，金属、石、木混合等四个阶段。

在原始木器阶段，人类从单纯的树居走向森林深处，开始初步地选择、处理木制工具以帮助自己进行采集和狩猎。到木石阶段，人类开始学会挑选自然状态下的石块来充当辅助狩猎的工具。渐渐地，石器在狩猎过程中展现出了鲜明的优势，人类开始对自然石块进行砍砸、磨制等加工，社会从以木制工具为主过渡到以石器为主的石木时代。大约在新石器时代之后，青铜冶炼技术的出现促使人们开始运用金属工具。此时，木、竹制工具的辅助地位依旧稳固，人类对森林资源的应用方式亦趋于多样。成书于战国至东汉的《越绝书》中记载了上古时期居住在山林水畔的人们"以石为兵，断数木为宫室"的生活情态，《易经》中亦有对先人"断木为杵，掘地为臼"的描写，足见先民对森林资源的应用之广泛。

森林为原始社会的人们提供了基本的物质资源，亦存在着众多危险与未知。未知诱发恐惧，恐惧引起崇拜，因而世界各地的人类不约而同地产生了树木崇拜的现象。人们往往将森林视为宇宙和生命之源，并普遍认为树木是沟通人与神的桥梁，以故会举行众多相关的宗教仪式。譬如印度的"阎浮树"、中国古代传说中的"建木"以及古埃及人"天为巨树荫蔽大地，星辰为枝上之叶，诸神栖息于巨树之上"的宇宙观念，都能反映出这种原始的树木崇拜的普遍性。森林也带给人类最初的艺术启蒙。由原始社会时期留存的物件来看，树叶形、动物形纹饰是象征性符号的主要组成部分，并且广泛地分布在世界各地的不同民族之中。从早期的木竹器、角骨器、石器到后期的岩画、玉器、原始陶器，这些森林文化艺术品逐渐呈现出独特的风格。早在原始社会，森林于人类的意义已经超越于物质生活的供给，而成为精神生活的寄托。

3.农耕文明

大约公元前9500到公元前8500年，人类开始走出森林，向更为广阔的平原地区迈进，开启了"农业革命"。此时，森林对于人类的意义出现了分化：一方面，森林成为耕地拓展的"阻碍"；另一方面，森林又为农耕文明的存续提供了食物、药材、木材、燃料等必备的生产生活资料。

在原始社会时期，人类就已在森林中完成了由利用自然火、控制自然火到能够人工生火的重大飞跃。早期的人类会采取"火猎"的方式，大面积焚烧森林以获取其中的动物；当农耕活动出现时，人们发现大火不仅能够清除树木杂草、提供耕地，覆盖草木灰烬的土地还具有更高的生产力。然而，一块土地连年耕作后地力会持续下降，无法满足人们的粮食需求，人们便继续焚烧其余的林地。这种"刀耕火种"的原始农业生产模式广泛地分布在世界各地。其中，亚马孙雨林的"迁移农业"便是极具代表性的一种，甚至依然存在于今天的局部地区。随着人口的不断增加，对于耕地的需求量越来越大，相应地，毁坏森林的速度也越来越快，以至超出其自我更新的生态机制能够调节的范畴。森林毁坏引发的水土流失、土地盐碱化、旱涝灾害等生态危机使人类逐渐意识到农耕与森林对立统一的内在联系，苏美尔文明、玛雅文明等古文明的衰落与消失更敲响了警钟。人类开始致力于恢复和保护森林，以谋求长远发展。《礼记·月令》中有"命野虞无伐桑柘"之句，《孟子·梁惠王上》中有"斧斤以时入山林，材木不可胜用也"之语，无不体现出先民朴素的可持续发展观念。

与此同时，森林的文化意义逐渐加强，众多灿烂的古代文化孕育于斯。丰富的资源为发明创造与建筑艺术提供了原材料；秀美的景致为文学创作提供了灵感。对于德国人而言，森林是难以割舍的德意志民族精神的代表，是心灵愈合疗伤的摇篮；对于中国人而言，山林更已成为一个极富象征意义的文化符号，是抛却尘俗纷扰、幽静清修、与自然同生共息的诗意栖居方式。在森林里，人类收获了数理的启迪、文哲的感悟、生态学等众学科的知识以及美学与艺术的熏陶。森林，不仅是人类先祖的栖身之地，更是人类精神的原乡。

4.工业文明

与农耕文明相似，工业文明的肇兴同样以对森林的破坏为代价。大规模开发利用森林资源的行为为工业社会的建设奠定了物质基础，但也导致了森林消失、环境恶化等后果。许多资本主义国家都以发展木材加工等森林工业为资本原始积累的手段，同时获取发展其他工业所需的原材料。比如，木材可运用于房屋建造、道路修建、纸张制作等工业活动；松脂、虫蜡等林副产品可以作为轻工业的原材料。然而，资本家为了追逐利益会不择手段、盲目采伐森林资源，天然森林大面积消失，这成为资本原始积累期间"无林化"现象出现的根本原因。社会主义国家的工业发展同样依赖于森林提供的资源。无论是把森林资源作为赚取外汇的重要来源的苏联，还是借助森林工业推动"一五"计划顺利实施的中国，森林对于工业发展与经济建设都具有无可替代的价值。

与农耕文明不同的是，工业文明与森林并非全然对立。农耕文明的发展需要扩大耕地，因此需要彻底地清除、占用林地；工业文明在空间上与林地的冲突并不尖锐，更多地需要从森林中获取木材及各种林副产品作为生产原料，其本质要求是保护林地。只是这一认知，还需要更多工业生产者的进一步深化与落实。在工业文明时代，科学技术飞速进步，为减少林地破坏、提高森林资源利用效率提供了可能。同时，当今世界的气候问题日益严重，全球变暖、厄尔尼诺现象频发、冰川消融等等生态危机引发了人类社会对自然环境的深刻思考，保护森林、低碳生活等环保观念亦逐渐成为社会共识。在未来，工业文明应当与生态文明结合起来，开启一个新的文明模式，以谋求人类历史的长足发展。

四、森林的现状与未来

在人类文明发展的历程中，人类始终是森林资源的索取者。而在过去的一万年间，森林毁坏总量的二分之一都发生在过去的八十年间。为了获得木材或者土地，大量的森林被砍伐；由于工业废气的排放产生的酸雨和全球变暖的加剧，林中树木大量干枯死亡。随之而来的水土流失、土地荒漠化等现象频频发生，近年来频频发生的加拿大、巴西与澳大利亚的林火更是令人揪心不已。原始森林越来越少，"地球之肺"渐渐难以负荷沉重的压力，森林的现状不容乐观。

　　假如地球上没有了森林，现行生态环境会发生哪些改变？人类将会失去90%的陆地生物产量和450万个物种，目睹全球70%的淡水汇入海中而无能为力，一面缺乏可供利用的水资源，一面又要应对滥发的洪水灾害。失去了森林的强大固碳作用和放氧作用，大气中的二氧化碳将大量增加，温室效应日益严重，地表温度急剧升高。同时，当狂风不再被茂盛森林产生的摩擦力阻隔，许多地区的风速将达到现今水平的160%—180%，风灾将产生更大的破坏力。资源短缺、空气污染、噪音增强……人类的生存环境将急剧恶化，乃至无法继续生存。地球上人类文明的发展，或许也只能止步于林木尽毁的那一天。

　　当然，越来越多的人已经意识到了森林的生态重要性，开始寻求森林资源开发与保护之间的平衡点。联合国粮食及农业组织（FAO）启动了改善森林数据监测项目，对森林资源与客观状况做出严密的评估，为全世界共同努力提供了依据。各个国家亦纷纷出台林业保护法规，加强对林火的防范力度，务必增强大型森林火灾的应对能力。适度发展生态旅游业，让当地居民从保护森林中获益；建设林业生态保护区，加大对毁林行为的惩处力度；培养林业保护专业人才，在全社会宣传生态文明发展理念……走上全面、协调、可持续的发展道路，寻求科学、高效、合理的发展出路，人类任重而道远。

五、结语

　　生于林海，依于乔木。人类在森林中诞生，依赖于森林生存。森林是人类的物质宝库，也是人类的精神家园。回望人类文明发展的历史，我们能够明白：文明的产生与存续是人类与自然环境相互协调、共同发展的过程，它依赖于物质生产者与自然环境资源之间稳定的劳动与产出。我们与森林，是一个密不可分的生命共同体。森林支持着人类达到如今的文明高度，人类同样应当以如今的文明水平去为森林的恢复、保护与发展做出努力。

参考文献

[1]张琳琳、赵晓英、原慧:《风对植物的作用及植物适应对策研究进展》,《地球科学进展》,2013第12期。

〔2〕崔海兴、吴栋、霍鹏:《森林与人类文明发展的关系分析》,《林业经济》,2017第9期。

〔3〕但新球:《原始社会的森林文化》,《中南林业调查规划》,2004年第1期。

〔4〕李慧、何晓琦、孔艳、李文军:《欧洲森林文化的传统价值》,《北京林业大学学报(社会科学版)》,2015年第1期。

〔5〕白秀萍:《FAO世界森林资源调查》,《世界林业动态》,2005第1期。

编后记
静悄悄的革命

强世功

通识教育的话题在过去的十多年中获得了前所未有的关注。作为改革开放以来中国大学改革运动的有机组成部分，通识教育不仅是中国大学精神的自我探索和自我塑造的有机组成部分，更是中国经济崛起引发的文化自觉和文明复兴运动的有机组成部分。尽管人们对通识教育的理解不同，但关心大学通识教育的人不可避免地会关注两个话题：一是中国的大学究竟应当培养什么样的人以及如何培养出这样的人？二是中国大学教育究竟应当为中国崛起提供怎样的文化传承、思想滋养和精神引导？

然而，无论人们对通识教育秉持怎样的理念，要将这种理论落到实处，就必须尊重高等教育教学固有的规律，必须尊重每个学校特有的教学管理体制。北京大学的通识教育有一个漫长的发展过程，从全校通选课的设立到教学方针的逐步调整，从元培教学改革试点到自主选课制度和自由选择专业制度的建立，北京大学的通识教育是一个不断探索试错的过程，也是一个渐进的、累积的过程。因此，与北京大学过往改革的大刀阔斧与激辩不同，与其他高校声势浩大、不断升级的通识教育改革方案不同，北京大学的通识教育改革更像是一场静悄悄的革命。而这场静悄悄的革命恰恰在于遵循了一个基本的理念：在不打破现有强大专业教育传统的基础上慢慢叠加通识教育，从而将通识教育理念渗透到专业教育中，形成通识教育与专业教育相结合的思路。而这个改革思路秉持的恰恰是守正与创新相结合的理念。

正是基于这样的理念和思路，通识教育改革从大学教育的基石——

课程——入手，开始改革通选课，建立通识核心课，将通识教育的理念贯穿到这些标杆性的课程中。正是透过通识核心课这个纽带来培养通识教育的生态环境，从而使教师、学生和学校管理者在专业院系主导的院校中逐渐接受通识教育的理念。因此，北京大学的通识教育改革从来不是自上而下的行政推动，而是在不改变学校现有教育教学体系的前提下，由一批支持通识教育理念的优秀教师通过课程建设在大学中塑造出通识教育的生态环境。可以说，通识核心课是北京大学推动通识教育最重要的平台，而通识核心课的老师们无疑是北京大学通识教育真正的灵魂人物。正是由于这些通识核心课在教学中树立了标杆典范作用，保持了相当高水平的课程质量，在全校学生、教师群体、学校和管理层乃至其他高校和整个社会中产生了积极正面的影响力，各院系才自然而然地接受了这些有真正育人效果的课程，在培养方案的调整中主动压缩专业学分、增加通识教育学分，接受学生自由选课制度、自主选专业等制度安排，并积极组织跨专业的本科生培养项目。

相较十年前，从通识教育理念到具体制度安排，从元培学院的改革到通识教育跨专业项目的发展，北京大学的通识教育都发生了革命性的变化。如果说当年元培实验班是一个通识教育改革试验田，那么今天北京大学就是一个扩大版本的元培学院。而今天的元培学院则要继续承担起新一轮的通识教育改革的探索重任，开展住宿学院制、新生讨论课等改革。然而，这场静悄悄的革命不是来自声势浩大的宣传或行政力量的强行推动，而是首先来自通识核心课身体力行的示范作用，让所有参与其中的人都理解了通识教育的意义，感受到通识教育的魅力，配套的行政改革措施更多是顺势而为。

关于如何建设通识核心课，我在以前的一篇访谈中已经讲过了（参见《现代社会及其问题》第一部分），这里不再赘述。现在呈现在读者面前的这五册著作大体展现了北京大学通识核心课的面貌。我们将通识课程划分为五类，每一册就是一类课程。这样的划分标准是为了和国内目前的学科与知识体系进行有效对接，而没有采用国内大学普遍流行的——但实际上是从西方大学模仿而来的——名目繁多的分布式课程分类。在这些课程中，每一个老师都结合课程阐述了自己对通识教育的理解。我们可以看到，不同专业、不同课程的老师对通识教育的理解有所不同，但这恰恰展现了通识教育理念的包容性和开放性。通识教育不是僵死的教条，而是对每个教师开放的多元空间。比如，在很多理工科的教师看来，如何让理工科学生逻辑清晰地表达一个完整的思想，哪怕是写一封合格的求职信，起草一份项目报告书，也是通识教育的一部分；而中文系的老师往往希望每个大学生都能够写出诗意盎然的小散文。因此，不少大学将写作课程看作是通识教育的基本要求，但每位老师对于写作课内涵的理解或许是不同的。实际上，我们只有将这些不同的理解放在一起，才能展现出通识教育的真意，即通过不同方式和途径达到不同层次的目的，而通识教育本身就是这个不断向上攀登的阶梯。从小时候的家庭教育到中小学教育，从大学教育到社会政治领域中的教育，从追随老师和经典的教育到自我教育，通识教育的理念贯穿人的一生，而大学阶段的通识教育就是为了打开迈向终身教育的阶梯。

在这些通识教育理念的栏目中，我们分别收录了几篇经典的通识教育文献，包括北京大学原校长林建华教授、中山大学原校长黄达人教授、复旦大学校长许宁生教授、清华大学新雅书院院长甘阳教授和复旦大学通识教育中心主任孙向晨教授关于通识教育的文章。这四所大学在 2015 年共同发起成立大学通识教育联盟，依靠大学和教授们自发的力量来共同推动中国大学通识教育的发展。可以说，他们的通识教育理念或决定、或推动、或影响着北京大学的通识教育。林建华教授是北京大学目前通识教育方案的设计者和推动者，他率先提出了"通识教育与专业教育相结合"的理念，这个理念后来也出现在国家"十三五"规划中，而目前北京大学学生自由选课、自主选专业的制度，更是他全力推动的。黄达人教授关于通识教育的论述已经成为中国大学通识教育的必读文献，他在 2015 年"通识教育暑期班"上的讲话推动了大学通识教育联盟的成立。甘阳教授是中国大学通识教育最有影响力的倡导者和推动者。他组织的"通识教育暑期班"为众多学生和青年教师展示了通识核心课的典范，后来也成为北京大学推广通识教育理念的重要工作。他曾经在中山大学和重庆大学分别创办了博雅学院，为中国大学的通识教育提供了可以参考的样板，而他在清华大学主持的新雅书院与北京大学的元培学院相互促进，成为两校通识教育合作的典范。孙向晨教授是复旦大学通识教育的主持人，复旦大学与北京大学在通识核心课建设上分享了共同的理念，两校的通识核心课建设也相互借鉴、相互促进。

通识教育的理念只有通过课程才能落实到育人过程中。对于一门课程而言，教学大纲最能反映出授课的思路、理念。不同于传统的课堂讲授、学生做笔记、背诵考试，通识核心课始终将文献阅读和写作思考贯穿其中。因此，通识核心课要求教师在教学大纲中列出具体的阅读书目，最好是每个章节围绕授课内容提供必读文献和选读文献。在学生课前阅读文献的基础上，课堂讲授就变成了一场对话，即师生面对共同的问题，面对已经思考并回答这些问题的理论文献，共同思考我们如何理解这个问题，如何理解文献所提供的答案，我们自己又能给出怎样的理解和解答。恰恰是围绕这些问题和文献，我们将过去的思考与今天的思考、老师自己的思考和学生的思考构成了跨越时空的对话。在这个过程中，我们理解了问题的开放性和文献解读的开放性。

在课堂上，我经常听到学生说，听了老师的讲解，好像老师阅读的和学生自己阅读的不是同一个文献。其实，这种差异恰恰是老师和学生的差异，也恰恰是学生需要向老师学习的地方。如果教科书已经写得明明白白，老师照本宣读，即使讲得妙趣横生，满堂生彩，对学生的思考又有何益呢？因此，通识核心课从来不追求类似桑德尔的公开课所精心设计的那种剧场式的修辞效果或表演效果，相反，我们希望课堂更像是一个思想解剖的实验室，让学生理解一个具体的问题是如何在理论中建构出来的，这种理论建构又形成了怎样的传统，时代变化又如何推动后人对这种理论传统的革新，从而针对新的问题提出新的理论，并认真探究，在当下的语境中，我们究竟应当如何思考这些问题，从前人的思考中能汲取怎样的营养。这个过程实际上就是通过课堂将学生引入一个巨大的文明历史传统中进行思考。老师和学生对问题和文献的不同理解，首先在于思考问题的深度和广度有所不同，毕竟老师对相关问题的理论脉络比学生更清楚；也可能是由于不同的生活经验对问题的关注角度有所不同，毕竟对问题的理解会随着人生阅历而加深；也可能是解读文献的方法不同，毕竟老师受过严格的学术思想训练。学生从老师那里学习理解这些内容的过程，其实就是通识教育的过程，是通过老师和课程这个中介与经典文献直接对话的过程。尽管如此，我们并不能以老师的标准来说学生的思考和理解就是幼稚浅薄的，更不能说学生的思考就是错的。相反，可能学生恰恰看到了老师所忽略的问题，进而有可能开放出一个新的问题域，这有可能是学生未来超越老师的地方，也是老师需要向学生虚心学习的地方。教学相长恰恰体现在这个讨论、交流甚至辩难的过程中。因此，对于通识核心课而言，老师与学生的讨论交流、学生之间的讨论和交流非常重要，但这种讨论和交流面对共同的问题和文献才更具有针对性。因此，我们在通识核心课的设计中，阅读文献要求、小组讨论和师生交流是其中最重要的环节，而助教在这个环节中扮演了重要角色。助教在帮助老师查找相关文献、主持小组讨论、组织师生讨论的过程中成了师生沟通的桥梁。

通识核心课要求课程的成绩不能完全由最后的考试来决定，要求必须有平时成绩，包括小组讨论的成绩和课程作业或者小论文的成绩。这些作业或论文的写作也是通识教育的重要环节，通识教育中虽然有不少人主张开设写作课，但不小心就变成了公文写作的格式化要求。写作是阅读和思考的延伸，从这个意义上来说，写作必须是针对具体内容的写作。同样，逻辑思维也是针对具体问题的逻辑思考，学习形式逻辑并不是培养逻辑思维的必要条件。因此，对逻辑思维和写作能力的训练必须贯穿在具体的课程所关注的具体内容中，写作训练离不开对具体问题的思考，离不开对具体文献的阅读和讨论。而对于具体课程的写作，我们也是采取一种开放的态度。有些课程作业已经变成一种学术论文的写作，有些课程作业可能就是一种报告，另一些课程作业也可能是一篇随笔或者评论。不同的形式服务于不同的目标，但都展现了课程所带来的思考。我们把这些可能显得稚嫩的课程作业选登在这里，恰恰是怀着平常心来看待通识核心课。通识核心课真正的魅力正是在于这些日常教学活动中的阅读、讨论和写作本身。我们编辑这一套书就是为了记录通识教育核心课的点滴，以期进一步推动并完善北京大学的通识教育。

北京大学通识核心课虽然是由北京大学通识教育专家咨询委员会共同组织的，但整个通识教育的理念和方案都是由校长们构思、教务部具体推行的。从林建华校长到郝平校长，从高松常务副校长到龚旗煌常务副校长，北京大学通识教育工作始终坚持守正创新的原则，稳步扎实地推进，并进一步将通识核心课建设的经验运用到思政课建设中。而教务部作为通识教育的主责单位，从方新贵部长、董志勇部长到傅绥燕部长，每一位部长都着眼于北京大学的长远发展，以功成不必在我的精神，持续推动通识教育工作的顺利开展。在这个过程中，复旦大学高等教育研究所的陆一博士一直为我们提供第三方课程评估，并对课程的改进提出了非常中肯的建议。而"通识联播"公众号的所有编辑都是北京大学的学生，他们的积极参与有力地推动了通识核心课的建设，将课程承载的通识教育理念向课程之外更广阔的范围传播，为创造良好的通识教育生态环境发挥了巨大作用。

在此，我们要感谢所有北京大学通识教育工作的参与者、支持者、关注者和批评者，尤其要感谢郝平校长和傅绥燕部长，他们为这套书作序，指明了北京大学通识教育未来发展的方向。北京大学通识教育工作始终在路上，让我们共同努力，继续推动通识教育的发展，推动中国大学精神的复兴，推动中国文化的自觉与中国文明传统的重建。

2021 年 2 月 21 日